高等职业院校前沿技术专业特色教材　　　　　　杨云江　丛书主编

计算机图形图像处理技术

刘珠文　管　彤　主　编
张树翠　蒙镇梅　副主编

清华大学出版社
北京

内 容 简 介

本书共 8 个项目，使用当前主流图像处理软件 Photoshop CC 作为图像处理的软件平台，内容涵盖 Photoshop CC 软件基本操作、图像处理常用工具、图像分离技术、图像调整合成技术、图像特效设计等。

本书采用项目式讲解的形式，各个项目下设若干个任务，由浅入深，引导读者从 Photoshop CC 软件入门到精通图像处理。项目任务案例中设置问题与思考，让读者有目标性地学习知识点与图像处理技巧。项目所涉及知识点均有相应案例介绍，全书讲解详细、操作详尽、图文并茂，读者通过实际操作可以快速熟悉软件功能并领会设计思路。项目最后设置适量的理论与操作练习题，帮助读者进一步巩固学习内容，在提高图像处理技术能力的同时能够提升读者的动手能力。

将课程思政元素有机融入教材之中，并体现党的二十大报告精神，是本书的一大特色和亮点。

本书主要作为职业教育的计算机图形图像相关专业基础课程及 Photoshop 相关课程的教材，也可供大学本科师生参考。

图书在版编目（CIP）数据

计算机图形图像处理技术 / 刘珠文，管彤主编 . — 北京：清华大学出版社，2023.8
高等职业院校前沿技术专业特色教材
ISBN 978-7-302-63831-5

Ⅰ . ①计… Ⅱ . ①刘… ②管… Ⅲ . ①计算机图形学 – 高等职业教育 – 教材 Ⅳ . ① TP391.411

中国国家版本馆 CIP 数据核字（2023）第 102750 号

责任编辑：田在儒
封面设计：刘 键
责任校对：刘 静
责任印制：杨 艳

出版发行：清华大学出版社
　　网　　址：http://www.tup.com.cn，http://www.wqbook.com
　　地　　址：北京清华大学学研大厦 A 座　　　　邮　　编：100084
　　社 总 机：010-83470000　　　邮　　购：010-62786544
　　投稿与读者服务：010-62776969, c-service@tup.tsinghua.edu.cn
　　质量反馈：010-62772015, zhiliang@tup.tsinghua.edu.cn
印 装 者：三河市人民印务有限公司
经　　销：全国新华书店
开　　本：185mm×260mm　　　印　　张：10.25　　　字　　数：247 千字
版　　次：2023 年 8 月第 1 版　　　　　　　印　　次：2023 年 8 月第 1 次印刷
定　　价：59.00 元

产品编号：097568-01

编审委员会

本书编写组

主　编：刘珠文　管　彤

副主编：张树翠　蒙镇梅

参　编：（按汉语拼音字母顺序排列）
　　　　丁文茜　刘桂花　龙　汐　任　俊

主　审：杨云江

丛书总序言

多年来，党和国家在重视高等教育的同时，给予了职业教育更多的关注。2019 年 2 月，教育部颁布了《国家职业教育改革实施方案》、2019 年 4 月教育部颁布了《高职扩招专项工作实施方案》、2021 年 4 月国务院颁布了《中华人民共和国民办教育促进法实施条例》，进一步加大了职业教育的办学力度；2022 年全国人大常委会颁布了《中华人民共和国职业教育法》，更是从政策和法律层面为职业教育提供了保障。党中央、国务院关于职业教育工作的一系列方针和政策，体现了对职业教育的高度重视，为我国的职业教育指明了发展方向。

高等职业教育是职业教育的重要组成部分。由于高等职业学校着重于学生技能的培养，培养出来的学生动手能力较强，因此其毕业生越来越受到社会各行各业的欢迎和关注，就业率连续多年都保持在 90% 以上，从而促使高等职业教育呈快速增长的趋势。自开展高职教育以来，高等职业学校的招生规模不断扩大且发展迅猛，仅 2019 年就扩招了 100 万人，2022 年，全国共有高等职业院校 1500 多所，在校学生人数已超 1000 万人。

质量要提高、教学要改革，这是职业教育教学的基本理念，为了达到这个目标，除了要打造良好的学习环境和氛围、配备优秀的管理队伍、培养优秀的师资队伍和教学团队外，还需要高质量的、符合高职教学特点的教材。根据这一理念以及教育部、财政部《关于实施中国特色高水平高职学校和专业建设计划的意见》（教职成〔2019〕5 号）的文件精神："要组建高水平、结构化教师教学创新团队，探索教师分工协作的模块化教学模式，深化教材与教法改革，推动课堂革命"，本丛书编审委员会以贵州省建设大数据基地为契机，组织贵州、云南、山西、广东、河北等省的二十多所高等职业院校的一线骨干教师，经过精心组织、充分酝酿，并在广泛征求意见的基础上，编写出这套"高等职业院校前沿技术专业特色教材"丛书，以期为推动高等职业教育教材改革做出积极而有益的实践。

按照高职教育新的教学方法、教学模式及特点，我们在总结传统教材编写模式及特点的基础上，对"项目—任务驱动"的教材模式进行了拓展，以"项目＋任务导入＋知识点＋任务实施＋上机实训＋课外练习"的模式作为本丛书主要的编写模式，但也有针对以实用案例导入进行教学的"项目—案例导入"结构的拓展模式，即"项目＋案例导入＋知识点＋案例分析与实施＋上机实训＋课外练习"的编写模式。

为了贯彻习近平"要把思想政治工作贯穿教育教学全过程"的思政教育指导思想和党的二十大报告精神"全面贯彻党的教育方针，落实立德树人根本任务，培养德智体美劳全面发展的社会主义建设者和接班人"，我们将课程思政和课程素养的理念融入教材之中，挖掘教材知识点、案例和习题中的思政元素，使学生和读者在学习与掌握专业课程知识的同时，树立弘扬正气、立德做人、团队协作、感恩报国的思想理念。

本丛书具有如下主要特色。

（1）本丛书涵盖了全国应用型人才培养信息化前沿技术的四大主流方向：云计算与大数据方向、智能科学与人工智能方向、电子商务与物联网方向、数字媒体与虚拟现实方向。

（2）注重理论与实践相结合，强调应用型本科及职业院校的特点，突出实用性和可操作性。丛书的每本教材都含有大量的应用实例，大部分教材都有1至2个完整的案例分析。旨在帮助学生在每学完一门课程之后，都能将所学的知识用到相关工程应用中。

（3）每本教材的内容全面且完整、结构安排合理、图文并茂。文字表达清晰、通俗易懂、内容循序渐进，旨在很好地帮助读者学习和理解教材的内容。

（4）每本教材的主编及参编者都是长期从事高职前沿技术专业教学的高职教师，具有较深的理论知识，并具有丰富的教学经验和工程实践经验。本丛书就是这些教师多年教学经验和工程实践经验的结晶。

（5）本丛书的编委会成员由有关高校及高职的专家、学者及领导组成，负责对教材的目录、结构、内容和质量进行指导与审查，能很好地保证教材的质量。

（6）丛书通过"数字资源技术"，将主要彩色图片、动画效果、程序运行效果、工具软件的安装过程以及辅助参考资料都以二维码呈现在书中。

（7）逐步建设和推行微课教材。

希望本丛书的出版，能为我国高等职业教育尽微薄之力，更希望能给高等职业学校的教师和学生带来新的感受与帮助。

谢 泉

2023 年 1 月

前　言

图像是我们获取信息、表达信息和传递信息的重要手段，而借助于计算机的图像处理技术可以帮助人们更客观、准确地认识世界，同时在各个领域中，图像的应用也在产生更多的价值。为了满足现代化图像技术需求，配合高等院校计算机技术相关专业教学工作的开展，我们组织课程教学经验丰富的"双师型"骨干教师结合平面设计行业实际需求编写了本书。

本书侧重于院校开展项目式教学，按照"导—学—跟—练"的思路进行全文编排，先导入项目任务，系统学习其中涉及的知识点，再跟着实施步骤完成操作，领会图像处理或者设计的思路，最后通过练习题达到知识和技能的提升巩固。

本书共包含初识 Photoshop、操作 Photoshop CC、使用常用工具、分离图像图层、修饰图像、调整图像色彩、合成图像图层、设计图像特效 8 个项目。以针对性和实用性为原则选取案例；以言简意赅、通俗易懂为原则表述文字；以操作详尽、重点突出为原则编写内容。

本书由贵州工商职业学院的刘珠文、贵州经贸职业技术学院的管彤担任主编，由贵州经贸职业技术学院的张树翠、贵州电子科技职业学院的蒙镇梅担任副主编，全书由刘珠文统稿。贵州理工学院信息网络中心原主任、贵州工商职业学院特聘专家杨云江教授担任丛书主编和本书的主审，负责教材目录架构、书稿架构的设计和审定，以及书稿内容的初审工作。

项目 1、2、3、7 由刘珠文编写；项目 8 主要由刘珠文编写，丁文茜参编；项目 4 主要由蒙镇梅编写，刘桂花参编；项目 5 主要由张树翠编写，龙汐参编；项目 6 主要由管彤编写，任俊参编。

本书在编写过程中，得到了许多兄弟院校教师和相关行业设计师的关心与帮助，并提出许多宝贵的修改意见，对于他们的关心、帮助和支持，编者表示衷心地感谢。

由于图像处理技术飞速发展，软件版本持续更新，加上编者水平有限、时间仓促，不足和疏漏之处在所难免，恳请广大专家和读者批评指正。

编　者
2023 年 3 月

教学素材

目　录

项目 1 初识 Photoshop

项 目 简 介

在本项目中，将对 Photoshop 这款图形图像处理技术软件进行简要介绍，包括认识 Photoshop、回顾 Photoshop 发展历史和认识 Photoshop 的应用。正所谓，工欲善其事必先利其器，只有在清晰地认识 Photoshop 软件特色的基础上，才能更好地运用该软件完成高效的学习和工作。

知 识 培 养 目 标

- 了解 Photoshop 软件特点。
- 知道 Photoshop 的诞生和发展过程。
- 懂得 Photoshop 的应用领域。

能 力 培 养 目 标

- 了解 Photoshop 在计算机图形图像处理中的重要作用。
- 掌握 Photoshop 软件安装。

素 质 培 养 目 标

- 培养对图形图像处理的学习兴趣。
- 提升学习的主观能动性。

思 政 培 养 目 标

课程思政及培养目标如表 1-1 所示。

表 1-1 课程思政及培养目标关联表

知识点及教学内容	思政元素切入	育人目标及实现方法
Photoshop 发展历史和 Photoshop 的特点及应用领域	工欲善其事必先利其器	培养学生对 Photoshop 系统的学习兴趣，具有学好 Photoshop 的意识，为图形图像制作与处理打下坚实的基础
广告创意	广告创意需要在严谨务实的调研基础上，对调研材料进行全面细致的分析，并用科学的理论基础作为支撑	培养学生具有刻苦学习的信念和严谨务实的工匠精神

1.1　认识 Photoshop

Photoshop 全称 Adobe Photoshop，也就是我们常说的 PS，是由 Adobe 公司开发和发行的图像处理软件。Photoshop 的主要功能就是处理以像素所构成的数字图像。

Adobe 公司是一家跨国计算机软件公司，也是专业的数字媒体和数字体验解决方案提供商（服务商）。Adobe 公司成立于 1982 年，旗下主要软件有 Adobe Photoshop、Adobe Premiere、Adobe After Effects、Adobe Illustrator 等软件。其软件领域涵盖专业的图形图像设计、视频剪辑、影视特效、音频处理、印刷排版、动画制作、网页设计等制作工具。

Photoshop 软件中带有众多的编修与绘图工具，可以有效地进行图片编辑工作。Photoshop 有很多应用领域，是目前较流行的图像处理软件之一，在图形、图像、文本、视频、动画等各方面都有所涉及，因此，很多图形图像处理技术人员及设计师需要熟练掌握 Photoshop 的使用。

1.2　回顾 Photoshop 发展历史

1.2.1　了解 Photoshop 的诞生

Photoshop 这款软件最早诞生在 1987 年，它的主要设计者托马斯·诺尔在完成博士论文的过程中发现当时的计算机无法显示出带有灰度的黑白图像，如图 1-1 所示，在兴趣和需求的驱使下，他自己兴致勃勃地写了一个名叫 Display 的小程序，可以在黑白位图上显示带灰度的黑白图像，如图 1-2 所示，这也就是 Photoshop 的最初模型。经过多次修改和完善之后，最终这个程序以 Photoshop 这个名字进入人们的视野。金子总是会发光的，Photoshop 作为图像处理的优势被逐渐挖掘出来，并于 1989 年 4 月正式与 Adobe 公司达成合作。至此，Photoshop 开启它的成长之旅，持续完善功能并更新版本至今。

图 1-1　不带灰度的黑白图像

图 1-2　带灰度的黑白图像

1.2.2　了解 Photoshop 的发展

Photoshop 软件随着时代的发展在不断推陈出新。最开始的版本是 1990 年 2 月，

Photoshop 发布了 1.0.7 版，也可以称为 1.0 版本，启动界面如图 1-3 所示。2000 年 9 月，Photoshop 6.0 发布，从这个版本开始，工具箱里有了形状工具，以及图层风格和矢量图形。

图 1-3　Photoshop 1.0

　　2003 年 10 月，Photoshop CS 正式发布，启动界面如图 1-4 所示，CS 是 Creative Suite 的缩写，意为创意组件。2012 年 3 月 22 日，发布 Photoshop CS6 Beta 公开测试版，也是 CS 系列最后一个版本号。

　　2013 年 6 月，正式发布了 Photoshop CC 2013，启动界面如图 1-5 所示，CC 是 Creative Cloud 的缩写，意为创意云，并开启 CC 时代。2018 年 10 月 15 日，Adobe 在 MAX 2018 大会上发布了 Photoshop CC 2019，并逐渐向 Windows 10 作功能倾斜，摒弃更早的操作系统。2022 年 6 月，发布了 Photoshop CC 2022，也是作者执笔时最新版本的 PS 版本。

图 1-4　Photoshop CS

图 1-5　Photoshop CC 2013

1.3　认识 Photoshop 的应用

1.3.1　平面设计

　　诸如产品包装、图书封面、海报、宣传单、招贴、喷绘等这些具有丰富图像的平面印刷品，基本上都需要 Photoshop 软件对图像进行处理。当设计者使用其他软件设计广告时，用到的无背景图片也需经过 PS 抠图，再进行下一步工序，如图 1-6 所示（彩色效果图参见"素材库\效果图片\项目\图 1-6"）。

图 1-6　平面设计图

1.3.2　图像修饰

Photoshop 具有强大的修图、调色功能。利用这些功能，可以快速修复各种类型的照片，包括风景、物品、动植物，也可以解决人们脸上的斑点，身材比例不够完美等问题，以及快速调色等，如图 1-7 所示（彩色效果图参见"素材库\效果图片\项目\图 1-7"）。

图 1-7　图像修饰前后对比图

1.3.3　创意合成

创意合成是 Photoshop 的常用处理方式，通过 Photoshop 的处理可以将原本毫无相关的图像组合在一起，也可以天马行空地进行创意设计，甚至使图像发生巨大的变化，如图 1-8 所示（彩色效果图参见"素材库\效果图片\项目\图 1-8"）。

图 1-8　创意合成图

1.3.4　艺术文字

利用艺术化处理后的文字为图像增加纷繁多彩、形式多样的效果。特别是在文字类型的图片呈现上，质感和特效的真实感都深受设计师青睐，如图 1-9 所示（彩色效果图参见"素材库＼效果图片＼项目＼图 1-9"）。

图 1-9　艺术文字图

1.3.5　网页美工设计

互联网时代下，迸发出形形色色的网页设计，因此，Photoshop 是必不可少的网页图像处理软件，如图 1-10 所示（彩色效果图参见"素材库＼效果图片＼项目＼图 1-10"）。

图 1-10　美工设计图

1.3.6　后期特效

很多商业图片作品例如摄影工作室、家装案例等需要在实际场景下进行增加和配置，包括场景的颜色、贴图、渲染等，如图 1-11 所示（彩色效果图参见"素材库＼效果图片＼项目＼图 1-11"）。

图 1-11　后期特效图

1.3.7　绘画

由于 Photoshop 具有良好的绘画与调色功能，许多插画设计制作往往使用铅笔绘制草稿，然后用 Photoshop 创作作品，如图 1-12 所示（彩色效果图参见"素材库＼效果图片＼项目＼图 1-12"）。

图 1-12　绘画效果图

1.3.8　Logo 制作

使用 Photoshop 进行图标制作，可以达到表现形式多样的效果，使用工具和特效也很丰富。所以多数由 PS 设计的 Logo 图标的确非常精美，样式更加多样化、多元化，如图 1-13 所示（彩色效果图参见"素材库＼效果图片＼项目＼图 1-13"）。

图 1-13　Logo 制作效果图

1.3.9　UI 界面设计

目前来说 UI 界面设计是一个新兴的领域，已受到越来越多的软件企业及开发者的重视，是一个较新的职业，在界面设计行业，绝大多数设计者都使用 Photoshop 作为设计工具，如图 1-14 所示。

图 1-14 立体 UI 设计图

1.4 项目实训：Photoshop CC 的安装

成功安装 Photoshop CC，安装完成后，生成桌面图标，并打开软件。

实 训 步 骤

第 1 步：使用浏览器打开 Photoshop CC 官方网址，并下载到本地磁盘。

第 2 步：双击运行下载好的 Photoshop CC 安装包，进行安装程序初始化，如图 1-15 所示。

图 1-15 程序初始化

第 3 步：在打开安装向导中选择接受软件许可协议，如图 1-16 所示。

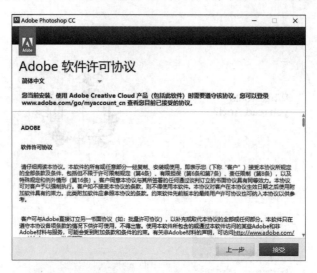

图 1-16　接受软件许可协议

第 4 步：选择语言和安装路径，单击"安装"按钮，如图 1-17 所示。

第 5 步：等待软件安装完成，并在桌面上生成 Photoshop CC 软件快捷方式，如图 1-18 所示。

图 1-17　选项设置

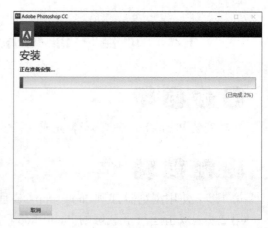

图 1-18　等待安装完成

第 6 步：双击 Photoshop CC 软件快捷方式，即可打开 Photoshop 应用程序。

项目 2 操作 Photoshop CC

项 目 简 介

在本项目中，将对 Photoshop 界面和基本功能进行讲解，包括软件的启动与退出、工作界面的认识、图像文件的基础操作、撤销操作与恢复操作，以及颜色设置的方法。通过学习本项目的知识点，将帮助读者对 Photoshop 的多种功能有大致的了解，在后续的使用过程中能准确找到制图功能板块。

知 识 培 养 目 标

- 熟练掌握 Photoshop 工作界面及操作。
- 熟悉 Photoshop 的各个功能板块。
- 掌握绘图颜色的设置。

能 力 培 养 目 标

- 熟练操作图像文件。
- 掌握图像和画布尺寸的设置和调整。

素 质 培 养 目 标

- 培养脚踏实地的学习精神。
- 学会制订合理学习计划。
- 懂得举一反三的学习方法。

思 政 培 养 目 标

课程思政及培养目标如表 2-1 所示。

表 2-1 课程思政及培养目标关联表

知识点及教学内容	思政元素切入	育人目标及实现方法
图像文件的基本操作	图像的基本操作和快捷方式繁多，要求静下心多学多练	引导学生如何树立目标，培养图像处理技术中专研技巧的工匠精神
Photoshop 操作界面的练习	懂得 Photoshop 各个模块及面板的功能和使用方法，充分储备行业必备知识	培养学生具有脚踏实地的学习信念和专注的精神

2.1 启动与退出 Photoshop CC

2.1.1 启动 Photoshop CC

启动 Photoshop CC 的方法有多种。可以双击桌面上生成的快捷方式，也可以在 Windows 菜单里的程序列表中找到 Photoshop CC 软件，单击即可启动。

启动 Photoshop CC 后，会出现启动界面，如项目 1 图 1-5 所示，之后会进入软件工作界面，默认界面是深灰色的，可选颜色方案分别为黑色、深灰色、中灰色和浅灰色四种，读者可以自行修改颜色方案。操作方法如下：选择"编辑"→"首选项"→"界面"命令，打开界面设置窗口，如图 2-1 所示。

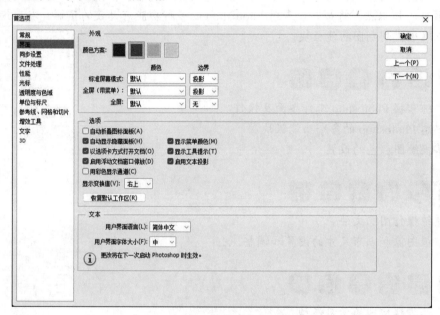

图 2-1 界面颜色方案设置

2.1.2 退出 Photoshop CC

退出 Photoshop CC 的方法有以下几种。

方法 1：单击软件界面右上角关闭按钮 **X** 。

方法 2：选择"文件"→"退出"命令，如图 2-2 所示。

方法 3：使用快捷键 Ctrl+Q。

方法 4：打开任务管理器，右击 Adobe Photoshop CC 应用，在弹出的快捷菜单中选择"结束任务"命令，如图 2-3 所示。

需要注意的是，退出软件之前应确保图像文件已保存。上述退出软件的前 3 种方法均会提示是否存储文件，如图 2-4 所示；第 4 种方法为强制关闭，并且无法保存图像文件，适用于软件卡死，需要重新启动的情况。

图 2-2 "退出"命令

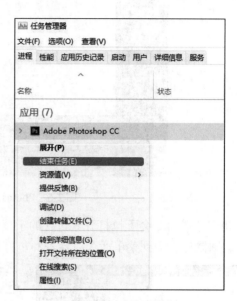

图 2-3 强制关闭软件

图 2-4 提示文件是否保存

2.2 了解 Photoshop CC 工作界面

2.2.1 认识 Photoshop CC 工作界面

Photoshop CC 的工作界面从上到下主要包含菜单栏、属性栏、标题栏、工具箱、工作区、控制面板和状态栏，如图 2-5 所示。

1. 菜单栏

菜单栏处于工作界面最顶端的位置，包含 PS 图标和 11 组菜单命令，从左往右依次是文件、编辑、图像、图层、类型、选择、滤镜、3D、视图、窗口、帮助，以及窗口最小化、最大化、窗口调整、窗口关闭的按钮。

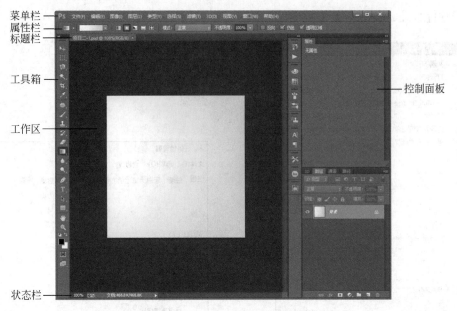

菜单栏
属性栏
标题栏
工具箱
工作区
控制面板
状态栏

图 2-5　Photoshop CC 工作界面

　　单击菜单命令会下拉打开其包含的子菜单命令，如图 2-6 所示。若子菜单命令带有图标▶，则鼠标移动到菜单命令时会进一步打开其子菜单；若子菜单带有省略号…，则表示

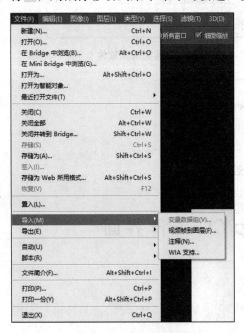

图 2-6　子菜单命令

选择之后可以弹出设置的对话框；若子菜单为灰色，则表示当前状态下无法使用此菜单命令。

2．属性栏

　　属性栏可以查看、修改所用工具的属性。通过属性栏的快速且多样性操作，使得图像处理更加便利且千变万化。

3．标题栏

　　标题栏用于显示图像文件的名字，每打开一张图片，就会有一个选项卡标题与其对应。通过单击每一个图片的标题，就可以在图片中进行切换。

　　拖动图片的标题栏，可以将图片进行浮动显示，也可以拖动浮动图片的标题到选项卡标题栏处后松开鼠标，将浮动图片进行停靠。

4．工具箱

　　工具箱处于工作界面的最左端的位置，在这里，Photoshop CC 为使用者提供了众多的工具，包括移动工具、选框工具、套索工具、裁剪工具、绘图工具、填充工具、文字工具、前（背）景色设置、快速蒙版工具和屏幕模式切换等，各个工具图标下包含有多个子工具，如图 2-7 所示。

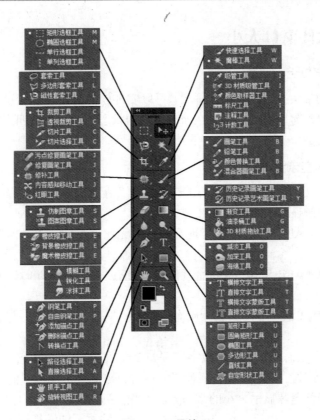

图 2-7　工具箱

根据使用习惯可以设置工具箱为单栏或者双栏，切换方法是单击工具箱上方的双箭头按钮 ▶▶。

当鼠标停留在工具图标上会有对应的工具信息提示。

若要切换子工具，可以通过右击工具图标，打开工具菜单，再单击选择需要的工具即可。通过工具的有效利用，可以完成图像的编辑、绘制等操作。

5. 工作区

工作区是整个工作界面最大的部分，处于正中心的位置，用于显示和预览图像文件编辑前后效果。

6. 控制面板

控制面板是操作图像过程中至关重要的一个模块。Photoshop CC 为使用者提供多个控制面板组，用于实现特定的功能。

控制面板的收缩与展开可以通过面板上的双箭头图标 ▶▶ 来控制。

7. 状态栏

打开一张图片文件，就会在界面下方的状态栏显示出图片的信息，包括显示比例、文档的大小、像素等，使用者可以根据需求，通过单击三角按钮 ▶ 展开菜单，自由选择切换状态栏的显示内容。

2.2.2　调整软件窗口大小

1. 工作界面窗口大小调整

通过菜单栏的最大化 □ 及恢复图标 ▣ 可以实现软件窗口全屏显示和缩小显示。如需在非全屏模式下调整窗口大小，可以在缩小窗口的状态下通过界面四周的双向箭头拖曳来调整软件窗口的大小。

2. 工作区图像显示大小调整

打开一个图像文件后，默认是以 100% 的比例显示图片。在不调整图像大小和分辨率的情况下，调整图像显示大小有以下几种方法。

方法 1：快捷键 Alt＋滚轮，可实现对画布的无比例缩放，滚动时以鼠标所在位置为参照中心进行缩放。

方法 2：快捷键 Alt＋Shift＋滚轮，可等比例缩放画布，滚动时以鼠标所在位置为参照中心进行缩放。

方法 3：快捷键 Ctrl＋"＋"放大画布，Ctrl＋"−"缩小画布，与方法 2 一样，都是等比例缩放画布。

方法 4：直接在状态栏输入比例数字，例如 300%，即为放大 3 倍。

方法 5：使用缩放工具 🔍，配合属性栏的设置，可实现不同情况的画布缩放。

以上是任意调整图像显示大小的常用方法，当然，还有一些固定比例的画布调整方法。固定缩放 100% 视图时，可以使用快捷方式 Ctrl＋1；缩放至铺满视图（非比例）时，可以使用快捷方式 Ctrl＋0。

2.2.3　显示与隐藏控制面板

控制面板的隐藏，可以使用快捷键 Shift＋Tab；再次按快捷键 Shift＋Tab，可以显示出隐藏的控制面板。

当只想隐藏部分控制面板组件的时候，可以单击面板右上方的图标 ▤，选择关闭或者关闭选项卡。二者的区别在于一个是关闭当前面板选项，一个是关闭同组的所有面板选项，如图 2-8 所示，选择关闭时隐藏的是"图层"选项，选择关闭选项卡组时隐藏的是

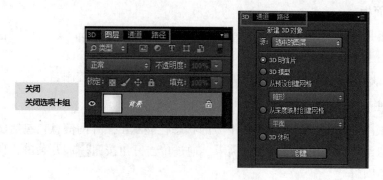

图 2-8　显示与隐藏控制面板

"3D""图层""通道""路径"这 4 个选项。

当需要显示特定控制面板的时候，可以通过"窗口"菜单选中相应的控制面板选项即可。

2.2.4　拆分与组合控制面板

1. 拆分控制面板

当需要单独拆分出特定控制面板时，可以用鼠标左键按住选项名称向工作区拖动，会生成一个活动的控制面板选项，如图 2-9 所示。

2. 组合控制面板

当需要节约操作空间时，可以用鼠标左键按住选项名称向选项卡组方向拖动，出现蓝色边框时松开鼠标即可。也可以使用此方法调整控制面板中不同选项的左右位置，如图 2-10 所示。

图 2-9　拆分控制面板

图 2-10　组合控制面板

2.3　操作图像文件

2.3.1　新建文件

空白图像绘图设计的第一步，就是要新建空白文件。

选择"文件"→"新建"命令，或者按快捷键 Ctrl＋N，会弹出一个"新建"对话框，如图 2-11 所示。在该对话框中，设置名称、预设的类型、宽度、高度、分辨率、颜色模式、背景内容等，也可以展开高级设置，配置相应的颜色配置文件以及像素长宽比。设置完成后，会在右下方显示图像大小。

图像文件的大小与图片的宽度、长度以及分辨率有关，长宽值越大，图片占内存越大。新建文件时默认长宽的单位为像素，也就是我们常说的点阵图像的小方块。点阵图像，也叫作位图，在以较大倍数放大图像文件时，位图会出现锯齿边缘、图像变得模糊且细节丢失，如图 2-12 所示。

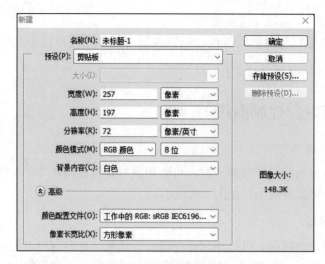

图 2-11　新建文件

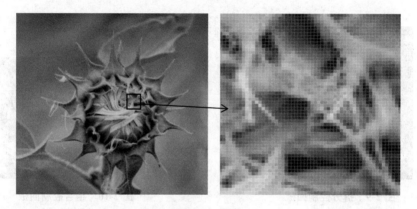

图 2-12　位图

　　图像中每单位长度的像素数目称为分辨率,单位为"像素/英寸"或者"像素/厘米"。因此,在确定图像宽度、高度的像素点和图像分辨率之后,图像有多大我们就能推算出来。当然,也可以切换长宽的单位为厘米,单击下拉图标 ✓,可以切换为其他单位,再确定分辨率同样可以推算出图像的像素点数量。

　　单击"存储预设"按钮,会弹出"新建文档预设"对话框,如图 2-13 所示,用于多次调用同参数的空白文档。最后单击"确定"按钮即可新建图像文件。

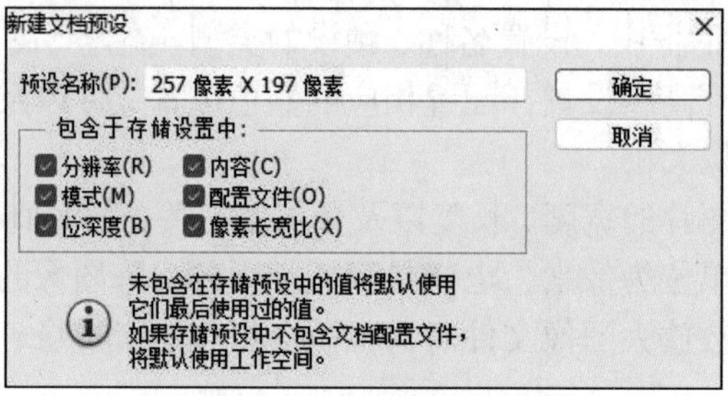

图 2-13　新建文档预设

2.3.2　打开文件

对已有图像进行处理设计时，就要在窗口中先找到图片并打开。

选择"文件"→"打开"命令，或者按快捷键 Ctrl＋O，会弹出"打开"对话框。选择文件所在的路径，即可打开对应的文件。

打开"素材库 \ 素材图片 \ 项目 2\"文件夹下的"02.png"，打开后的文件是以图片原有的格式打开，如图 2-14 所示。

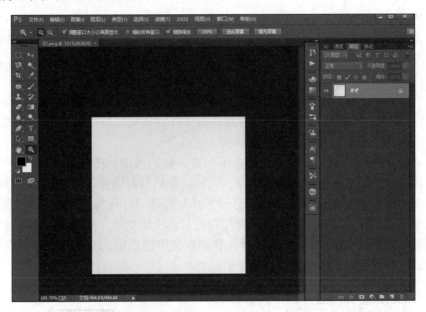

图 2-14　打开文件

Photoshop CC 支持一次打开多个文件，只要在"打开"对话框中选定多个文件，单击"打开"按钮即可，打开后的图像可通过单击标题栏中的文件名就能切换显示的图像内容。

在打开和使用图像过程中，选择合适的文件格式是非常重要的。Photoshop 中支持了 20 多种类的文件格式，常用的主要有以下几种。

1. PSD 格式和 PDD 格式

这两种格式是 Photoshop 专属的文件格式，也是使用中默认的文件格式。它能够保存图像数据和处理过程的细节内容，因此占用内存较大。使用 Photoshop 打开时，速度较其他格式快，但是通用性不强。

2. PNG 格式

PNG 格式常用于无损压缩图片或者网站系统显示图像，是一种轻便的位图文件存储格式。PNG 格式用来存储灰度图像时，支持 16 位图像；存储彩色图像时，支持多达 48 位图像，并且还可存储多到 16 位的 α 通道数据。

3. JPG 格式

JPG 格式也叫作 JPEG 格式，是一种有损画质的图像压缩算法格式文件。它是把原本很大的图像，经过特定的压缩算法压缩为存储空间较小的图像文件。通常可以自行设定压缩比例，压缩比越小，图像质量越好，越清晰，画质越高；相反，压缩比越大，图像失真也就较为严重，画质越低，图像清晰度也就越低。

4. BMP 格式

BMP 格式是 Windows 操作系统中的标准图像文件格式，能够被大多数的 Windows 应用程序所支持。这类格式的文件具有丰富的色彩，一般用于演示的场景较多。

5. GIF 格式

GIF 格式最多只能容纳 256 种颜色，适合颜色少的图像。可以用于展示动态图片，网上常见的动画图片都是 GIF 格式的。GIF 格式文件容量较小，因此网络传输图片时，比其他文件格式要快得多。

当我们需要将图像以其他格式打开时，可以选择"文件"→"打开为 ..."命令，同样会弹出"打开"的对话框，不同在于此时默认的文件格式为"PSD/PDD"，如图 2-15 所示，单击 ❯ 下拉图标，可以切换为其他文件格式。

为了确保图像打开后，缩放等操作中不失真，我们可以将图像文件打开为智能对象，选择"文件"→"打开为智能对象"命令，选择路径后打开文件。打开后的图像图层右下角会出现小标记，如图 2-16 所示，这种打开方式其实是"打开为 ..."的一个特例。

智能对象在图像处理中是不起眼但使用很便利的一类功能。当缩放、旋转、倾斜或扭曲智能对象时，Photoshop 都会使用存储在智能对象中的原始内容。这意味着在应用其他转换或者操作时不会逐渐降低内容的质量。

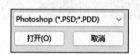

图 2-15　文件格式

图 2-16　文件打开为智能对象

2.3.3　存储文件

新建的图片文件储存时，可以选择"文件"→"存储"命令，或者按快捷键 Ctrl＋S，会弹出一个"另存为"对话框，选择要储存的目标路径，单击"保存"按钮即可，如图 2-17 所示。保存的文件格式默认为 PSD/PDD。

若需要另存，或者储存为其他格式的文件，则可以选择"文件"→"存储为"命令，或者按快捷键 Shift＋Ctrl＋S，同样会弹出"另存为"对话框，选择路径以及文件格式，再单击"保存"按钮。

Photoshop CC 还支持 Web 专用格式储存方式，选择"文件"→"存储为 Web 所用格式"命令，会弹出"存储为 Web 所用格式"对话框，单击"存储"按钮，弹出"将优化结果存储为"对话框，单击"保存"按钮即可，如图 2-18 和图 2-19 所示。这种保存文件的方式常用于 Photoshop 制作的简单动画图片的储存。

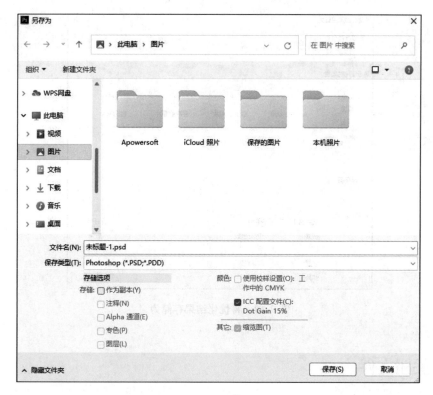

图 2-17　储存文件

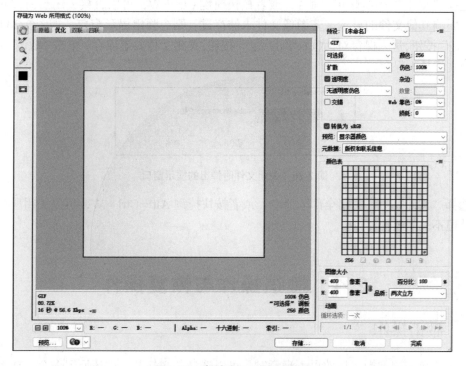

图 2-18　存储为 Web 所用格式

图 2-19 将优化结果存储为

2.3.4 关闭文件

对图像文件储存完毕后，可以关闭文件。

选择"文件"→"关闭"命令，或者按快捷键 Ctrl＋W，可以直接关闭当前打开的文件，不影响其他文件的显示。若图像文件未储存过，则会弹出提示窗口，如图 2-20 所示，单击"是"按钮，进入保存对话框；单击"否"按钮，关闭文件并不保存；单击"取消"按钮，不关闭文件且不保存。

图 2-20 关闭文件时弹出的提示窗口

选择"文件"→"关闭全部"命令，或者按快捷键 Alt＋Ctrl＋W，可以关闭所有打开的文件但不关闭软件窗口。

2.4 撤销操作与恢复操作

2.4.1 撤销操作

在完成单一图像操作且效果不满意时，可以选择"文件"→"还原"命令，或者按快捷键 Ctrl＋Z 取消操作。Photoshop 支持前进或者后退操作，使用快捷方式 Shift＋Ctrl＋Z

可前进一步，使用 Alt＋Ctrl＋Z 可后退一步。

　　若需要取消的步骤较多，可以打开控制面板上的历史记录 ，单击历史操作步骤即可回到完成该操作的状态，如图 2-21 所示，但默认状态下只能保留 20 步。

2.4.2　中断操作

　　在完成一个连贯图像操作过程中，按 Esc 键可中断该动作，回到前一步动作。

2.4.3　恢复操作

图 2-21　历史记录

　　选择"文件"→"还原"命令，或者按 F12 键，可以将文件恢复到最后一次保存的状态，如果没有保存过，则是打开文件时的状态。

2.5　设　置　颜　色

2.5.1　设置颜色模式

　　颜色模式是 Photoshop 对图片色彩显示的重要部分，它决定了如何基于颜色模式中的通道数量来组合颜色。不同的颜色模式会导致不同级别的颜色细节和不同的文件大小。常用的颜色模式如下。

1. RGB 模式

　　RGB 颜色模式使用 RGB 理论模型，R 为红色、G 为绿色、B 为蓝色。每个像素在这 3 个通道上分配一定的强度值，取值范围是 0~255，值越大，颜色越亮。如图 2-22 所示，当 R=0、G=0、B=0 时，显示为黑色；当 R=90、G=172、B=225 时，显示为天蓝色。在实际图像处理中，该模式应用的要更多一点。

图 2-22　RGB 模式

2. CMYK 模式

　　在 CMYK 模式下，有 4 种油墨颜色通道，C 为青色，M 为洋红色，Y 为黄色，K 为黑色。每个像素的每种印刷油墨指定一个百分比值，值越小，颜色越亮。如图 2-23 所示，当 C=0%、M=0%、Y=0%、K=0% 时，显示为白色；当 C=87%、M=6%、Y=0%、K=0% 时，显示为天蓝色。

通常在制作用于印刷色打印的图像时，应使用 CMYK 模式。

图 2-23　CMYK 模式

3. Lab 模式

Lab 颜色模型原理是基于人对颜色的感觉，所以这个模型与使用的设备是没有关系的。Lab 模式有 3 个通道，L 为亮度分量，取值范围是 0~100；a 为绿色—红色轴；b 为蓝色—黄色轴，a、b 两个通道取值范围是 ＋127~（−128）。如图 2-24 所示，当 L=0、a=0、b=0 时，显示为黑色；当 L=60、a=−33、b=−48 时，显示为天蓝色。

图 2-24　Lab 模式

4. 灰度模式

灰度模式下，图像没有色彩只有黑白灰的图片效果。在 8 位图像中，最多有 256 级灰度。每个像素都有亮度百分比值 K。如图 2-23 所示，当 K=0% 时，显示为白色；当 K=33% 时，显示为浅灰色。

修改颜色模式，可以选择"图像"→"模式"命令，通过"颜色"控制面板可以查看和设置颜色通道参数，但需要注意的是，模式切换之前最好进行图像备份，以免还原时颜色信息丢失。

图 2-25　颜色填充

2.5.2　颜色填充

在填充整个图层颜色或者局部选区颜色时，可以选择"编辑"→"填充"命令，或者按快捷键 Shift＋F5，会弹出"填充"对话框，如图 2-25 所示，在"内容"→"使用："选框中单击下拉图标 ⌄，可以选择填充颜色或者图案。

当选择颜色时，会弹出"拾色器（填充颜色）"对话框，如图 2-26 所示，单击色条选择颜色范围，再单击左侧颜色选择区可选择填充颜色。

我们也可以使用前景色或者背景色填充颜色，但需要先设置前景色或者背景色的颜色。在工具栏中有前景色和背景色的显示区域，如图 2-27 所示，上面的正方形色块为前景色，默认为黑色，下面的正方形色块为背景色，默认为白色，单击色块可以弹出拾色器来选择颜色。当颜色变换后，想恢复默认颜色，可单击前景色下方图标■，一键还原默认颜色。前景色右侧图标↔可以用来对调前景色和背景色。

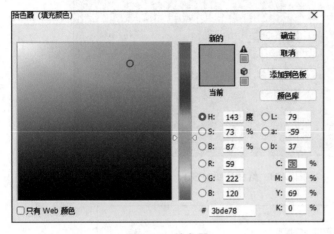

图 2-26 拾色器

图 2-27 前 / 背景色

此外，还可以按快捷键来填充图像，前景色填充的快捷键为 Alt＋Delete，背景色填充的快捷键为 Ctrl＋Delete。

2.6 项 目 实 训

2.6.1 实训 1：创建并保存第一个 Photoshop 文件

实 训 内 容

新建一个宽度 3 厘米，高度 5 厘米，分辨率 300 像素 / 厘米的红色图像，并保存为"红色图纸 .PSD"文件，如图 2-28 所示。

实 训 步 骤

第 1 步：按快捷键 Ctrl＋N，打开"新建"对话框。

第 2 步：设置文件名称为"红色图纸"，宽度为 3 厘米，高度为 5 厘米，分辨率为 300 像素 / 厘米，颜色模式为 RGB 颜色，背景内容为白色，如图 2-29 所示。

第 3 步：选择缩放工具，单击状态栏中的"适合屏幕"按钮，调整图像显示大小。

第 4 步：单击前景色，在"拾色器"对话框中拾取红色。

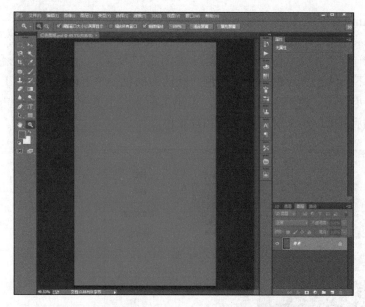

图 2-28　红色图纸 .PSD

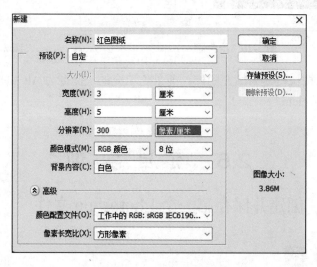

图 2-29　新建红色图纸

第 5 步：按快捷键 Alt＋Delete 将图像填充为红色。

第 6 步：按快捷键 Ctrl＋S，打开"另存为"对话框，选择路径，单击"保存"按钮。

2.6.2　实训 2：调整 Photoshop 工作界面

 实 训 内 容

设置 Photoshop 界面外观的颜色方案为浅灰色，控制面板仅保留图层选项。图像文件"红色图纸"上添加两列直排黄色文字"长风破浪会有时""直挂云帆济沧海"，字体要求

为 12 点楷体。裁切字体两边空白，查看新的图像尺寸大小，如图 2-30 所示。

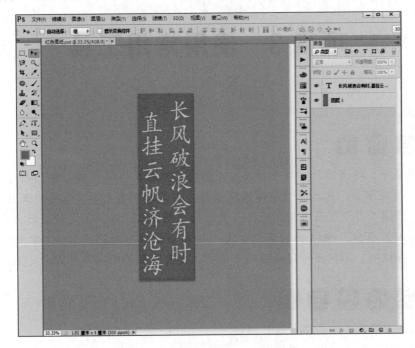

图 2-30　调整 Photoshop 工作界面

实训步骤

第 1 步：选择"编辑"→"首选项"→"界面"命令，打开界面设置窗口，单击"外观"→"颜色方案"最右侧浅灰色的色块，单击"确定"按钮。

第 2 步：在控制面板中单击"图层"以外的其他已打开的选项，单击右上角操作按钮，再单击"关闭"按钮。

第 3 步：打开"红色图纸 .PSD"文件。

第 4 步：选择直排文字工具，在状态栏上设置字体为楷体，大小为 12 点，字体颜色为黄色，添加文字"长风破浪会有时""直挂云帆济沧海"。

第 5 步：选择移动工具，按住文字拖动到合适的位置。

第 6 步：在"图层"控制面板中，双击背景图层，弹出"新建图层"对话框，单击"确定"按钮，将图层解锁。

第 7 步：选择矩形选框工具，选中文字内容，生成矩形虚线选区，右击选择"选择反向"命令，选区变为字体两边空白区域，按 Delete 键，删除选区图像，空白处变为方格透明像素。

第 8 步：选择"图像"→"裁切"命令，打开"裁切"对话框，选择"基于"→"透明像素"命令，单击"确定"按钮。

第 9 步：单击状态栏的图像信息区，切换显示为"文档尺寸"。

项目 3　使用常用工具

项目简介

在本项目中，将通过制作端午节海报等图像的体验式讲解，来介绍 Photoshop 常用工具的用途和使用方法，包括移动图像便捷操作、图像的变形、套索及选框工具定于选区、文字特效、绘图工具设置及其使用方法。灵活使用图像处理工具，将使设计者在创作设计或者修图中游刃有余。Photoshop 常用工具通过单击图标可以快速切换，鼠标停顿与图标上时也有文字说明，不仅操作便捷且通俗易懂，更有隐秘的小惊喜等你去发现。

知识培养目标

- 掌握套索及选框工具组等进行抠图。
- 熟悉文字添加及特效设置。
- 掌握图像绘制的工具使用。

能力培养目标

- 熟练操作图像的移动。
- 判断快速提取图像边缘的工具。
- 快速绘制简易图像。

素质培养目标

- 提升判断与分析能力。
- 学会集思广益。
- 积极与他人沟通讨论。

思政培养目标

课程思政及培养目标如表 3-1 所示。

表 3-1　课程思政及培养目标关联表

知识点及教学内容	思政元素切入	育人目标及实现方法
端午节海报制作	端午节是中国非常重要的一个传统节日；宣传端午节，可以弘扬中国悠久的传统文化	增强学生对中国传统文化的热爱
图形绘制	图形绘制需要在脑海中设计大致样式，再通过软件创作表达，要求设计的图形规范美观	培养学生创新思维能力，具有健康的审美意识

3.1 导入任务

3.1.1 展示任务效果

任务 1：制作端午节宣传海报

端午节，又称龙舟节，是中国非常重要的一个传统节日，也是集祈福辟邪、民俗娱乐和特色饮食于一体的民俗大节。接下来将共同学习如何制作一张精美的端午节宣传海报，效果图如 3-1 所示（彩色效果图参见"素材库 \ 效果图片 \ 项目 3"文件夹下的图片"图 3-1"）。

任务 2：制作小清新插图

通过灵活使用矩形选框工具和椭圆选框工具，绘制含有蓝天、白云、绿树、黄日、红土等元素的清新图片。要求不同的图像元素，单独设定为一个图层，并命名图层，效果如图 3-2 所示（彩色效果图参见"素材库 \ 效果图片 \ 项目 3"文件夹下的图片"图 3-2"）。

图 3-1 端午节宣传海报

图 3-2 小清新插画

任务 3：制作立体文字

设计纹理填充的背景，添加文字"爱心"，为文字设计描边以及立体效果，如图 3-3 所示（彩色效果图参见"素材库 \ 效果图片 \ 项目 3"文件夹下的图片"图 3-3"）。

3.1.2 提出问题与思考

（1）宣传海报中应包含有哪些素材内容？

图 3-3 立体文字

（2）如何使用合适的选区工具将素材内容提取出来？

（3）如何移动素材内容合并为一张图像？

（4）如何调整图像的形状大小？

（5）添加文字要注意什么？

（6）怎么适当添加绘制图形？

3.2　知　识　点

3.2.1　移动图像

1. 图层的移动

在控制面板下部默认打开有图层面板。所谓图层，就是对整个图像分层次编辑，最终图层通过上下叠加的方式呈现图像效果。如图 3-4 所示，包含有 7 个图层，分别为背景层、文字层、图层组以及 4 个透明背景的素材图层。为了能够很好区分不同图层的作用，常将图层进行命名，命名方法为双击图层名，出现编辑框，输入图层名称，按回车键即可。

上层图像内容会遮挡下层图像内容，因此可以通过移动图层的方式调整图像效果，移动图层时，按住需要移动的图层，上下拖曳到目标位置即可，如背景层往上拖曳至图层组上方，将遮挡住图层组部分的图像内容如图 3-5 所示。

图 3-4　图层

图 3-5　图层移动

2. 图像的移动

当需要移动图片位置时，可以先选定图片所在图层，单击移动工具，拖动图像即可。

当同时打开多个图像文件，需要图像组合时，可以跨文件拖动图层内容。如图 3-6 所示，打开知识点素材文件夹中的"柠檬 .png"，在图片文件中，选定图层，选择移动工具，按住图像，拖动到标题栏中上述提到的图像文件"夏日共享 .psd"，此时画面会切换到"夏日共享 .psd"图片文件中，在杯底松开鼠标，即可生成一个图层 1。若柠檬位置不合适，可以在选定图层 1 的状态下，拖动到合适位置。

图 3-6　图像移动

3.2.2　实现图像的变形

1. 图像的缩放

当需要对图像进行大小调整时，可以选定图层后，选择"编辑"→"变换"→"缩放"命令，会在图像四周出现缩放框，如图 3-7 所示。拖动边框上的小正方形可缩放图像，若需要等比例缩放，可按住快捷键 Shift＋Ctrl 再拖动小正方形，如图 3-8 所示。若需要保持图像中心不动，可按住 Alt 键再拖动小正方形。

图 3-7　缩放框　　　　　　　　图 3-8　图像缩放

2. 图像的变形

在图片实际使用中，若需要使图层图形的局部发生一定形变，可以在选定图层之后，选择"编辑"→"操控变形"命令，图像上会显示变形网格，可以通过属性栏中的浓度设置，改变网格密度。如图 3-9 所示，水壶的图层变形属性中浓度设置为较少点，在水壶的关键点单击，添加几个图钉，固定图像总体外观。然后，拖动把手的两个图钉向瓶身拖曳，完成后，单击属性栏的打钩图标，完成变形，如图 3-10 所示。

图 3-9　变形网格

图 3-10　图像变形

3.2.3　矩形选框工具和椭圆选框工具

选框工具的使用在图像处理中是非常重要的操作之一，主要是用于创建选区。所谓选区就是选择指定区域，尤其在对图像局部进行编辑时要指定操作的有效区域。在 Photoshop 中的选框工具有矩形选框、椭圆选框、单行选框和单列选框，前二者是较为常用的选框工具。

使用矩形选框工具创建选区时，在图像上单击拖曳即可，会出现矩形的闪烁虚线。如果需要创建的选区为多边形时，则可以通过设置属性栏的选区叠加方式，如添加到选区等，获得特殊形状的选区，如图 3-11 所示。

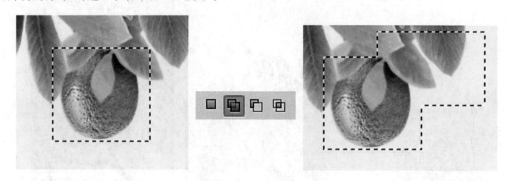

图 3-11　矩形选框工具

椭圆选框工具和矩形选框工具的用法相同，只是拖曳之后是椭圆形。若需要创建正圆形选区，可按住快捷键 Shift＋Ctrl 再拖动，如图 3-12 左图所示。若需要指定圆心位置，可按住 Alt 键再拖动鼠标，如图 3-12 右图所示。若需要创建指定圆心位置的正圆形选区，可同时按住快捷键 Shift＋Ctrl＋Alt 再拖动鼠标。

创建好选区后，若想取消选区了，可以右击选区，出现下拉菜单，单击"取消选择"即可，如图 3-13 所示。

 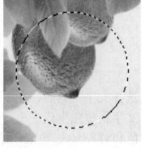 

图 3-12　椭圆选框工具　　　　　　　　　图 3-13　取消选区

3.2.4　套索工具、多边形套索工具和磁性套索工具

套索工具也可以创建选区，是最直接最方便的选区工具。和选框工具不同之处在于，套索工具更适用于形状不规则或者边缘变化多的图形，因此通常拿来抠图。

使用套索工具时，在图像边缘按住鼠标，徒手沿着图像边沿，勾勒出图像边缘，即可生成选区。多边形套索工具是利用线段围成选区范围，更适用于复杂但是棱角分明的选区。磁性套索工具能辅助识别图像边缘，在图像边缘单击后，沿着图像边沿移动鼠标，会自动放置锚点，也可以单击手动放置锚点，如图 3-14 左图所示。当鼠标移动回到起始锚点并单击后，便会生成选区，如图 3-14 右图所示，适用于边缘比较清晰，且与背景颜色相差比较大的情况。

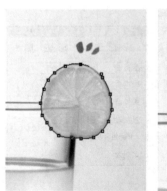 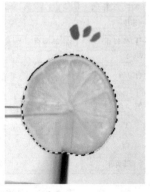

图 3-14　磁性套索工具

3.2.5　快速选择工具和魔棒工具

快速选择工具和魔棒工具与前面两组创建选区的工具使用场合有所不同。快速选择工具是利用画笔单击快速选择选区。鼠标拖动时，选区会向外扩展并自动查找图像的边缘。画笔的大小可以在属性栏当中进行设置。增加或者删减选区可以单击属性栏图标 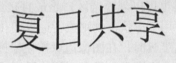 进行切换。

魔棒工具可以用来选择和鼠标单击处颜色一致或者相似的区域，与图像的轮廓关系不大。相似程度是可以用属性栏的容差值来调整，容差值越小，则选取的相似程度就越低，而容差值越大，允许选取相似的程度就越大。

3.2.6　添加文字效果

文字工具是经常要用到的工具之一。选择文字工具后，在图像适当的位置单击，会出现闪动的光标，此时输入文字内容即可，文字将单独生成一个新的文字图层。在文字工具的属性栏内可以设置文字的字体、大小、颜色和对齐方式，也能创建文字变形如图 3-15 所示。软件中还专门提供了字符 A 和段落 ¶ 控制面板，对文字及其段落作更详尽的设置，如图 3-16 所示。

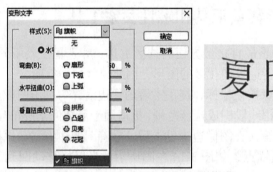

图 3-15　变形文字

图 3-16　字符和段落控制面板

文字工具默认为横排文字工具，它还包括了直排文字工具、横排文字蒙版工具、直排文字蒙版工具。直排文字工具使用方法与横排文字工具一样，都是用于添加实体文字。但横排文字蒙版工具、直排文字蒙版工具其实是用来创建文字形状的选区，如图 3-17 所示，此时的选区是在当前的图层，因此如果不想破坏原图层，则可以先将图层进行复制。具体方法是，右击图层，在下拉菜单中选定复制图层选项，也可以将图层拖动到控制面板下方新建图层的图标  上。

图 3-17 横排文字蒙版工具

3.2.7 画笔工具和渐变工具

1. 画笔工具

画笔工具是用于绘制图形图像时的必备工具，可以绘制出各种好看的图案，可以画出柔和流畅的线条，也可以用来上色。选定画笔工具后，可以在属性栏设置画笔的样式、大小、不透明度等属性，如图 3-18 所示。更丰富的画笔设置，可以打开画笔 和画笔预设 控制面板，如图 3-19 所示。画笔的颜色默认为前景色。Photoshop 还支持导入外部画笔，单击属性栏展开画笔选项 ，再单击右上角的设置按钮 ，选择载入画笔，会弹出路径对话框，找到提前下载好的画笔文件（.ABR），单击载入即可。

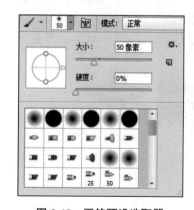

图 3-18 画笔预设选取器

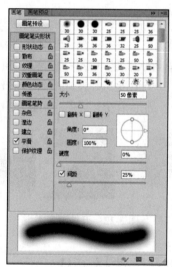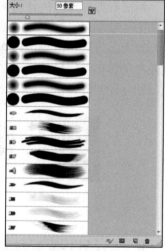

图 3-19 画笔和画笔预设控制面板

2. 渐变工具

渐变工具产生的颜色变化丰富多彩，很多具有层次立体感的图像和背景都涉及颜色渐变。选择渐变工具后，在属性栏中单击色条会弹出"渐变编辑器"对话框，用于设置渐变颜色区间类型、平滑度等参数，如图 3-20 所示。其中预设为 Photoshop 自带的渐变示范，单击即可使用。编辑器下方色条是当前渐变颜色的变化范围，左右各有一对色标，上面的色标为不透明度色标，下面的色标为颜色色标，单击色标可唤醒色标框内的属性设置，设置完成后单击"确定"按钮。在渐变工具中，有几对色标就有几种颜色渐变的变化。增加色标的方法就是在色条适当位置单击，如图 3-21 所示。

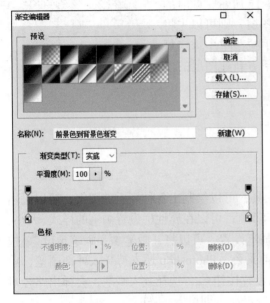
图 3-20　双色渐变

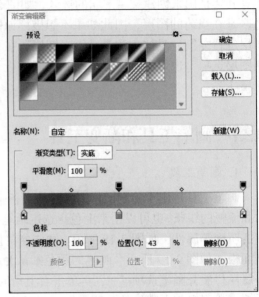
图 3-21　多色渐变

　　渐变有五种类型，分别是线性渐变、径向渐变、角度渐变、对称渐变、菱形渐变，效果如图 3-22 所示。线性渐变，就是直线方向的渐变，按住并拖动鼠标就可以填充。径向渐变，就是以中心为原点，向四周呈辐射状渐变，因此一般是从中心位置单击向外拖动。角度渐变，就是在鼠标单击位置就会产生一个角度，并按顺时针方向作渐变。对称渐变，顾名思义就是以轴对称的形式作颜色渐变。菱形渐变，与径向对称的用法类似，只是形状显示为菱形。

图 3-22　五种渐变类型

3.2.8　路径选择工具和直接选择工具

　　路径是指一条或者多条的直线或者曲线，它可以是闭合的线，也可是以开放的线，路径上的方块小点成为锚点，一般存在多个锚点用于定位，如图 3-23 所示。路径的作用主要是保存选区边缘，在操作过程中取消选区后闪烁的外框便消失，我们可以通过路径重新生成选区。储存路径可以通过路径控制面板，单击右上方图标，在下拉菜单选中存储路径，如图 3-24 所示。

　　路径选择工具可以用来选择整条路径工具，只需要在路径上单击一下就可以移动整条路径，也可以同时框选一组路径进行移动，路径复制时可以按住 Alt 键并拖动路径。

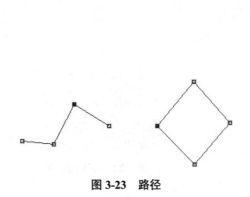

图 3-23　路径

图 3-24　路径控制面板

直接选择工具是用来选择路径中的锚点，使用的时候用工具在路径上单击一下，路径上的各锚点就会出现，然后选择任意一个锚点，被选中的锚点为实心小点，可以随意移动或调整控制杆。

3.2.9　绘图工具组

1. 矩形工具组

矩形工具组内包含多个图形绘制工具，包括矩形工具、圆角矩形工具、椭圆工具、多边形工具、直线工具、自定义形状工具。选择矩形工具以后，在图像上按住鼠标拖曳可绘制图形，并在图层控制面板中创建新的图形图层。属性栏中可以设置图形填充颜色，图形描边的颜色、粗细、样式，同时会显示出当前形状的长、宽像素值，如图 3-25 所示。

图 3-25　矩形工具属性栏

圆角矩形工具，与矩形工具操作方法一致，就是多了四个圆角的半径大小设置。椭圆工具，用于绘制椭圆或者正圆形；创建正圆形选区时，可按住快捷键 Shift＋Ctrl 再拖动；若需要指定圆心位置，可按住 Alt 键再拖动鼠标；若需要创建指定圆心位置的正圆形选区，可同时按住快捷键 Shift＋Ctrl＋Alt 再拖动鼠标。多边形工具，默认为五边形，边的数量可以通过属性栏设置。直线工具绘制直线可设置粗细的像素值。自定义形状工具中自带有部分特殊形状，也可以载入外部图形，选择属性栏形状选项，再单击右上角设置按钮，选择载入形状，会弹出载入对话框，找到提前下载好的图形文件（.CSH），单击载入即可，如图 3-26 所示。

2. 橡皮擦工具

橡皮擦工具可去除当前图层的图像内容，显示下一图层的内容，若无下一层图层，则显示透明色，如图 3-27 所示。选择橡皮擦工具后，可在属性栏设置橡皮擦的种类、形状大小、不透明度等参数。

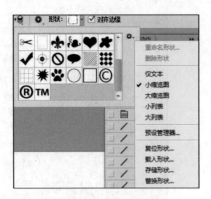

图 3-26　自定义形状载入　　　　　　　　　图 3-27　橡皮擦工具

3.3　任务实施步骤

3.3.1　任务 1 实施

掌握创建图像文件、移动素材图像、调整图像大小、旋转图像角度、使用套索工具提取图像元素、绘制图形图像、设计文本样式的简单操作。

实 施 步 骤

第 1 步：选择"文件"→"新建"命令，设置文件名称为"端午节宣传海报"，大小为 30 厘米 ×45 厘米，分辨率为 300 像素 / 英寸，色彩模式为 RGB，背景内容为白色，如图 3-28 所示。

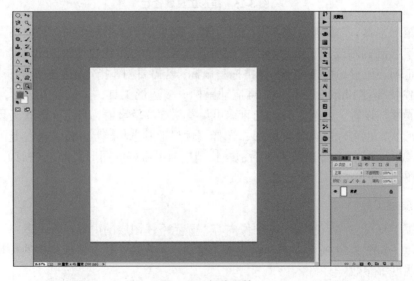

图 3-28　新建文件

第 2 步：选择缩放工具，单击属性栏"适合屏幕"按钮，效果如图 3-29 所示。

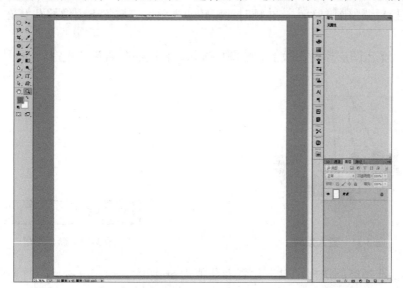

图 3-29 调整画布大小

第 3 步：选择"文件"→"置入"命令，打开"素材库＼素材图片＼项目 3＼背景 .jpg"图片文件，取消选中"显示变换控件"复选框，去掉背景图变换框，取消背景图变换框，效果如图 3-30 所示。

图 3-30 打开背景

第 4 步：选择"文件"→"置入"命令，打开"素材库 \ 素材图片 \ 项目 3 \ 01.png"文件，通过图像变换框调整图像大小，并顺时针旋转适当角度，放置于图像的左上角，如图 3-31 所示。

第 5 步：单击图层控制面板上新建图层按钮，将图层命名为"光圈"，如图 3-32 所示。

图 3-31 置入素材 1

图 3-32 新建图层

第 6 步：选择椭圆选框工具，设置羽化值为 50 像素，单击并拖动鼠标同时按住快捷键 Shift＋Ctrl＋Alt，在图像中上部创建圆形选区，如图 3-33 所示。

第 7 步：选择渐变工具，设置径向渐变，色标从绿色渐变为白色，RGB 值分别为（182，252，215）和（255，255，255），然后单击圆心拖动到圆的边缘，如图 3-34 所示。

图 3-33 创建圆形选区

图 3-34 渐变填充

第 8 步：选择"文件"→"置入"命令，打开"素材库 \ 素材图片 \ 项目 3\02.png"图片文件，通过图像变换框调整图像大小，放置于光圈内，如图 3-35 所示。

第 9 步：选择自定形状工具，在属性栏形状选项中选择小草的样式，在左下角草坪上绘 8 棵小草，并将生成的 8 个形状图层同时选定，单击后在下拉菜单中选择从图层创建组，命名图层组为"小草"，如图 3-36 所示。

第 10 步：选择椭圆工具，设置填充颜色为红色，RGB 值为（247，15，15），在光圈下方绘制圆形，直径为 189 像素。按住 Alt 键，单击圆形并按住往右侧拖动，对圆形图案进行复制，紧靠其右侧，重复操作 3 次。将这 4 个圆形图层合到一个图层组，命名为"红色圆形"，方法同第 9 步，如图 3-37 所示。

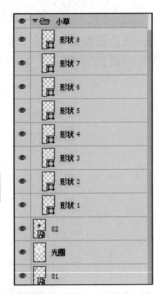

图 3-35　置入素材 2

图 3-36　绘制小草

第 11 步：选择横排文字工具，在红色圆形上，创建文字"五月初五"，字体设置为楷体、白色、32 点大小，如图 3-38 所示。

图 3-37　绘制红色圆形

图 3-38　添加文本 1

第 12 步：选择"文件"→"打开"命令，打开"素材库\素材图片\项目 3\03.png"图片文件，选择磁性套索工具，将龙舟图像抠出，生成选区，如图 3-39 所示。

第 13 步：选择移动工具，将选定的龙舟移动到海报中，调整图形大小，移动到红色圆形上方。将图层重命名为"龙舟"，并将其移动到"红色圆形"图层的下方，如图 3-40 所示。

图 3-39　提取龙舟图像

图 3-40　移动龙舟图像

第 14 步：选择直排文字工具，在海报的左侧添加文字：欢度传统佳节。字体设置为黑体、黑色、30 点大小。

第15步：在海报的右侧添加文字：端午粽飘香 阖家乐团圆，字体设置为汉标高清锐毛，颜色设置为灰绿色，RGB值为（93，118，93），字体46点大小。打开字符控制面板，将行距设置为60点，如图3-41所示，效果如图3-42所示。

图3-41　字体设置　　　　　　　　　　　　　图3-42　添加文本2

3.3.2　任务2实施

设计目的

学会使用选框工具和颜色填充绘制简易的小插画。掌握常用快捷方式的使用方法。熟悉图层的简单操作。

实施步骤

第1步：按快捷键Ctrl＋N，新建一个5厘米×5厘米、300像素/英寸的白色背景图。

第2步：新建图层，选择矩形选框工具，按住鼠标在背景中创建一个长方形选区，右击选区在下拉菜单中选择"填充"选项，弹出"填充"对话框，设置内容使用颜色，在拾色器中单击选取浅蓝色，单击"确定"按钮。再右击选区选择"取消选择"选项，将图层重命名为"蓝天"。

第3步：新建图层，选择椭圆选框工具，在属性栏中设置"添加到选区"模式，在蓝天上画连接的椭圆形，构成云朵的形状。按快捷键 Ctrl＋Delete，用白色的背景色快速填充选区，按快捷键 Ctrl＋D 取消选区，重命名图层为"白云"。

第 4 步：新建图层，选择椭圆选框工具，按快捷键 Shift＋Ctrl＋Alt，设置羽化为 10 像素，在蓝天右上角绘制圆形，设置前景色为亮黄色，按快捷键 Alt＋Delete 快速为太阳填充上亮黄色，取消选区，将图层重命名为"黄日"，如图 3-43 和图 3-44 所示。

图 3-43　小清新插画绘制天空步骤 1

图 3-44　小清新插画绘制天空步骤 2

第 5 步：新建图层，使用椭圆选框工具，画出 3 个椭圆形的树冠，并参照第 4 步，填充为绿色；新建图层，选择矩形选框工具，在树冠下方绘制树干部分，并为树干填充上褐色。

第 6 步：在图层控制面板中，选中树冠和树干所在图层，右击选中图层，在下拉菜单中选择"合并图层"，将合并后的图层命名为"绿树"。

第 7 步：新建图层，使用矩形选框工具在树干下绘制矩形，使用暗红色填充，将图层重命名为"红土"，如图 3-45 所示。

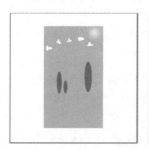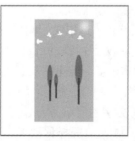

图 3-45　小清新插画绘制绿树红土步骤

3.3.3 任务3实施

🔳设🔳计🔳目🔳的🔳

掌握文字工具的常规使用，适当为文字加上立体效果，增加图片的层次感。

🔳实🔳施🔳步🔳骤🔳

第1步：选择"文件"→"新建"命令，新建一个600像素×400像素、300像素/英寸的空白文件。

第2步：双击"背景"图层，弹出"新建图层"，单击"确定"按钮，将图层解锁。单击图层控制面板下方的"添加图层样式"图标 **fx.**，选择"斜面和浮雕"，选择纹理框，在图像选框下，单击"大理石花纹纸"，再单击"确定"按钮。

第3步：设置前景色为浅红色，背景色为深红色。

第4步：选择横排文字工具，添加文字内容"爱心"，设置字体为黑体，颜色填充为前景色。

第5步：选择魔棒工具，设置属性栏"添加到选区"模式，依次单击字体部分，直至文字都变成选区。

第6步：新建图层，选择"选择"→"修改"→"扩展"命令，弹出"扩展选区"对话框，设置扩展量为4像素，单击"确定"按钮，如图3-46所示。

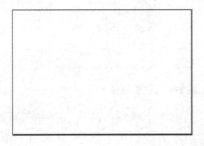

图3-46　文字扩展选区

第7步：选择"编辑"→"描边"命令，弹出"描边"对话框，单击颜色选项，弹出拾色器，拾取文字颜色，单击"确定"按钮，按快捷键Ctrl+D取消选区。将图层重命名为"描边"。

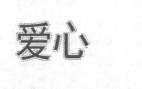

第8步：选择移动工具，移动描边图层，然后向下移动到文字左侧和描边框对齐。

第9步：选中文字图层，按住Ctrl键，单击文字图层上的"T"字母，将文字边缘重新定义为选区。

第10步：新建图层，按快捷键Ctrl+Delete，用背景色填充文字，并取消选区。图层重命名为"立体效果"，并将图层移动到文字图层下方，如图3-47所示。

第11步：选择移动工具，移动"立体效果"图层，至文字右下方，如图3-48所示。

图3-47　立体文字图层面板

图 3-48 立体效果

3.4 项目实训

3.4.1 问答题

（1）创建规则选区的常用工具有哪些？
（2）文字与文字选区有什么区别？如何输入横排或竖排文字？
（3）怎样添加和删除画笔？

3.4.2 实训题：制作铅笔图标

实 训 内 容

绘制两层同心圆背景图，内圆添加横条底纹。在圆心处绘制卡通铅笔图标的样式，通过颜色变化凸显不同面的光线效果。要求对外圆及铅笔设计阴影，方向为 45 度角，如图 3-49 所示（彩色效果图参见"素材库\效果图片\项目 3"文件夹下的图片"图 3-49"）。

图 3-49 铅笔图标

实 训 步 骤

第 1 步：按快捷键 Ctrl＋N，新建一个 400 像素 × 400 像素、400 像素 / 英寸的白色背景图，设置前景色为黄色，RGB 值为（238，244，136），按快捷键 Alt＋Delete 使用前景色快速填充背景。

第 2 步：选择椭圆工具，设置属性栏形状宽和高都为 460 像素，在图像中心单击，弹出"创建椭圆"对话框，单击"确定"按钮，即可绘制 460 像素 ×460 像素的圆。

第 3 步：单击图层面板上的添加图层样式图标 *fx*，选择"描边"，设置描边结构大小为 8 像素，位置设置为内部，填充颜色设置为白色，将图层重命名为"外圆"。

第 4 步：选择矩形工具，设置属性栏形状宽为 460 像素，高为 500 像素，在图像上单击，弹出"创建矩形"对话框，单击"确定"按钮即可，将图层重命名为"外圆阴影"。

第 5 步：设置背景色为黑色，按快捷键 Ctrl＋Delete 用背景色快速填充矩形。在图层面板中，设置不透明度为 10%。

第 6 步：选择"编辑"→"变换"→"旋转"命令，弹出变换框，将图形逆时针选择 45 度。并调整图像位置，如图 3-50 所示。右击图层，在下拉菜单中选择栅格化图层。

第 7 步：按住 Ctrl 键，单击"外圆"图层的缩略图，选定圆形选区，按 Delete 键，删除圆内阴影。

第 8 步：右击"外圆"图层，在下拉菜单中选择复制图层，弹出"复制图层"对话框，命名为"内圆"，单击"确定"按钮。

第 9 步：选择"编辑"→"变换"→"缩放"命令，按住快捷键 Shift＋Alt 并拖动鼠标，使得固定圆心等比例缩小。参照前面的方法填充内圆为白色。

第 10 步：选择矩形工具，绘制一条细长的矩形，填充为灰色，RGB 值为（220，220，220），选择移动工具，按住 Alt 键，单击矩形，向下拖动鼠标，以 3 厘米的间隔复制细长矩形，复制 7 次。

第 11 步：选定 8 个细长条纹的图层，右击后，在菜单中选择"合并形状"，将合并后的图层重命名为"横条底纹"。右击图层，在下拉菜单中选择栅格化图层。

第 12 步：按住 Ctrl 键，单击"内圆"图层的缩略图，选定圆形选区，选择"选择"→"反向"命令，按 Delete 键，删除圆外横条部分，取消选区，如图 3-51 所示。

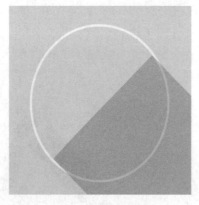

图 3-50　外圆投影

图 3-51　横条底纹

第 13 步：选择圆角矩形工具，绘制一个圆角为 5 像素的矩形，命名为"铅笔 1"。在图层面板上单击添加图层样式图标 *fx*，选择"渐变叠加"，如图 3-52 所示，在渐变颜色中选择如图 3-53 所示，为红色双色渐变，RGB 值分别为（228，70，61）和（209，61，59），角度设置为 0 度。

第 14 步：复制"铅笔 1"图层，将其命名为"铅笔 2"。选择矩形选框工具，选择顶部区域，按 Delete 键，同时修改渐变叠加的颜色为灰白色双色渐变，RGB 值分别为（231，242，228）和（210，211，213）。

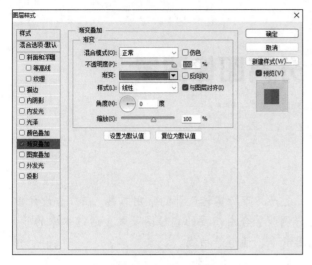

图 3-52 铅笔 1 渐变叠加

图 3-53 铅笔 1 渐变颜色

第 15 步：复制"铅笔 2"图层，将其命名为"铅笔 3"。继续选择矩形选框工具，选择顶部区域，按 Delete 键，同时修改渐变叠加的颜色为绿色六色渐变，RGB 值分别为（160，206，35）、（137，188，47）、（141，190，38）、（130，175，30）、（129，174，32）和（117，155，40）。

第 16 步：选择多边形工具，设置边为 3，在铅笔底部绘制一个三角形，设置渐变叠加，颜色为黄色双色渐变，RGB 值分别为（246，218，144）和（227，207，115），将图层命名为"铅笔 4"。

第 17 步：复制"铅笔 4"图层，将其命名为"铅笔 5"。选择矩形选框工具，选择顶部区域，按 Delete 键，同时修改渐变叠加的颜色为黑色双色渐变，RGB 值分别为（105，94，76）和（43，46，37），角度设置为 −20 度。

第 18 步：将图层"铅笔 1"到"铅笔 5"这 5 个图层选定后，创建新组，将其命名为"铅笔"。右击图层组，选择"转换为智能对象"，图层变为"铅笔拷贝"。

第 19 步：选择"编辑"→"变换"→"旋转"命令，弹出变换框，将图形顺时针选择 45 度，如图 3-54 所示。

第 20 步：选择多边形工具，在铅笔右侧绘制三角形，调整大小和方向，将图层重命名为"铅笔阴影"。将图形

图 3-54 旋转铅笔图标

填充为黑色，不透明度设置为 20%。右击图层，在下拉菜单中选择栅格化图层。图层移动到"铅笔拷贝"图层下方。

第 21 步：按住 Ctrl 键，单击"外圆"图层的缩略图，选定圆形选区，选择"选择"→"反向"命令，按 Delete 键，删除圆外部分，取消选区。选择多边形套索工具，将"铅笔阴影"图层多余的部分选定，生成选区，按 Delete 键，取消选区。

项目 4 分离图像图层

项 目 简 介

Photoshop 在像素图处理上功能强大,是产品市场宣传设计的常用工具。在广告设计中,我们经常需要利用抠图工具和通道、色彩调节等合成想要的宣传图效果,通过本章的学习能够掌握常用的抠图方法、设置色彩范围命令、通道等功能。

知 识 培 养 目 标

- 熟练掌握 Photoshop 中分离图像图层的基本工具及基本操作方法。
- 运用分离图像图层的各种工具熟练地对图像进行合并拆分。

能 力 培 养 目 标

- 熟练操作钢笔工具。
- 设置色彩范围命令。
- 调整图像边缘。
- 学会调用颜色通道。
- 学会调用专色通道。
- 学会调用 Alpha 通道。
- 了解混合颜色功能。

素 质 培 养 目 标

- 提升宣传设计的能力。
- 养成良好的操作习惯。

思 政 培 养 目 标

课程思政及培养目标如表 4-1 所示。

表 4-1 课程思政及培养目标关联表

知识点及教学内容	思政元素切入	育人目标及实现方法
常用的抠图方法、设置色彩范围命令、通道等功能	将职业伦理意识融入相关项目任务中,引导学生在学习设计过程中创造出更有特色的作品	培养学生正确的职业意识,在专业知识讲授和学习的教学实践中,提升学生创作水平与文化素养

续表

知识点及教学内容	思政元素切入	育人目标及实现方法
海报封面与复杂抠图	应用情境中挖掘工匠精神、创造创新意识	增强学生积极探索，勇于创新的科学精神

4.1　导入任务

4.1.1　展示任务效果

任务 1：广告设计

广告设计中设计多种技巧，图像的分离可以很好地提取需要的元素，是很重要的图像处理技术之一。接下来一起看看如何制作一张酷炫的广告，效果如图 4-1 所示（彩色效果参见"素材库\效果图片\项目 4\图 4-1"）。

任务 2：制作婚纱照

使用钢笔工具、通道面板、计算命令、图层控制面板和画笔工具抠出婚纱，使用移动工具添加背景和文字，最终效果如图 4-2 所示（彩色效果参见"素材库\效果图片\项目 4\01"）。

任务 3：使用调整边缘命令抠出头发

使用调整边缘命令抠出人物头发，使用颗粒滤镜命令和渐变映射调整命令调整图片的颜色，最终效果如图 4-3 所示（彩色效果参见"素材库\效果图片\项目 4\07"）。

图 4-1　广告设计　　　　图 4-2　婚纱照效果图　　　图 4-3　调整边缘抠图效果

4.1.2　提出问题与思考

Photoshop 中有哪些方法可以实现抠图？

4.2 知 识 点

4.2.1 钢笔工具

路径是基于贝塞尔曲线建立的矢量图形。使用路径可以进行复杂图像的选取，还可以存储选取区域以备再次使用，更可以绘制线条平滑的优美图形。和路径相关的概念有锚点、直线段、曲线点、曲线段、直线点、端点。

锚点：由"钢笔"工具创建，是一个路径中两条线段的交点，路径是由锚点组成的。

直线段：用"钢笔"工具在图像中单击两个不同的位置，将在两点之间创建一条直线段。

曲线点：曲线点是带有两个独立调节手柄的锚点，是两条曲线段之间的连接点，调节手柄可以改变曲线的弧度。

曲线段：拖曳曲线点可以创建一条曲线段。

直线点：按住 Alt 键的同时单击刚建立的锚点，可以将锚点转换为带有一个独立调节手柄的直线点。直线点是一条直线段与一条曲线段的连接点。

端点：路径的结束点就是路径的端点。

钢笔工具用于抠取比较复杂的图像，还可以用于绘制各种各样的路径图形。因此，钢笔工具可以处理形态比较平滑或规整的物体，抠出的图质量较高。打开"素材库 \ 素材图片 \ 项目 4\ 吉他 .jpg"文件，选择"钢笔工具" ，在工具选项栏中将"模式"改为"路径"，然后沿着吉他的边缘绘制路径。待得到一个完整的路径后，按快捷键 Ctrl＋Enter 将路径载入选区，得到的最终抠图效果如图 4-4 所示。

图 4-4 吉他的抠图效果

4.2.2 设置色彩范围命令

"色彩范围"可以全局地选择相似颜色，不仅仅可以控制容差，还可以直接提取高光或阴影部分，相对魔棒工具的使用"色彩范围"的应用更为广泛。以图 4-5 为例，抠取天空并替换。

图 4-5 扣取天空并替换

打开"素材库\素材图片\项目 4\"文件夹中的"沙滩.jpg"文件，打开"色彩范围"对话框，即单击"工具栏"中的"选择"→"色彩范围"，软件会自动切换到"吸管工具" 状态。按住 Shift 键，在画面中单击天空的蓝色区域和白色区域，可以快速选中天空，之后单击"确定"按钮，即可得到天空选区，如图 4-6 所示。

图 4-6　色彩范围

由于在之前的操作过程中选择了天空的白色，所以在此色彩范围里的白色沙滩和房屋也会被选中。这个时候可以按住 Alt 键使用"套索工具" 选中沙滩和房屋区域，即可将沙滩和房屋排除在外。之后，按快捷键 Ctrl＋Shift＋I 对选区进行反选，然后按快捷键 Ctrl＋J 将树林和沙滩复制一层，再在下方放置一张天空素材，最终的效果还是令人满意的。在后面的案例中，会大量使用"色彩范围"命令处理天空的抠图操作。

4.2.3　调整图像边缘

打开"素材库\素材图片\项目 4\"文件夹中的"11.jpg"文件，选择"钢笔工具" ，在工具选项栏中将"模式"改为"路径"，然后沿着模特的边缘绘制路径。待得到一个完整的路径后，按快捷键 Ctrl＋Enter 将路径载入选区，得到的抠图效果，单击"选择"，选择"调整边缘"，如图 4-7 所示。

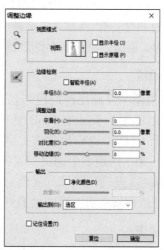

图 4-7　调整边缘

选择"叠加"，对人物的边缘进行涂抹，效果如图 4-8 所示。

关闭对话框，此时的选区则为想要的区域，如图 4-9 所示。最后，切换成"选择工具"，可以将选区中的内容剪切到其他地方。

图 4-8　叠加视图　　　　　　　　　图 4-9　边缘调整效果

4.2.4　调用通道

通道是用来记录图像颜色信息和位置的灰度图像，灰度值的大小也代表着发光的强弱程度。一个图像最多可以拥有 56 个通道层，所有的新通道都具有与原始图像相同的尺寸和像素数目。

在通道中，灰度图像里的纯黑色作为非选区部分，纯白色作为选区部分，灰度则介于非选区与选区部分之间。

需要特别注意的是，纯黑色（0）：非选区部分，表示透明，不包含像素；纯白色（255）：选区部分，表示不透明，实色区域，100% 像素覆盖；灰度：介于非选区与选区部分之间，表示不同程度的透明度，介于透明与不透明之间。存储选区：通道→将选区存储为通道，可以创建一个 Alpha 通道，将选区存储到通道中。

1. 调用颜色通道

PS 中原色通道用来存储图像的色彩信息。图像色彩模式不同，则通道数量和通道名称也不同。比如 RGB 色彩模式有 RGB 复合通道、R（红）通道、G（绿）通道、B（蓝）通道 4 个通道。而 CMYK 色彩模式有 CMYK 复合通道、C（蓝）通道、M（红）通道、Y（黄）通道、K（黑）通道 5 个通道。又比如，LAB 色彩模式的图像，有 LAB、明度、a、b 共 4 个通道；而灰度模式，就只有灰色 1 个通道。图像颜色、格式的不同决定了通道的数量和模式，在通道面板中可以直观地看到，如图 4-10 所示。

2. 调用专色通道

PS 专色通道的建立方式有以下两种。①单击通道面板的选项按钮，选择"新建专色通道"命令建立专色通道，如图 4-11 所示。②双击 Alpha 通道会出现一个对话框。在色彩指示中选择专色，并选择相应的颜色即可。专色通道用来给图片添加专色，丰富图像信息。专色通道主要用于印刷方面，如烫金、烫银等专色。

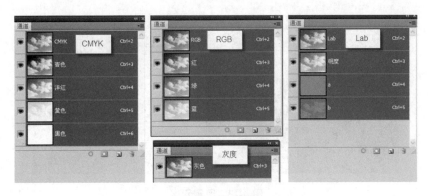

图 4-10   颜色通道

3. 调用 Alpha 通道

生成 Alpha 通道的方法如下。①单击通道面板的新建按钮，如图 4-12 所示。②图像中已经有选区了，单击"将选区存储为通道"按钮。③复制原色通道或其他 Alpha 通道。Alpha 通道的作用就是编辑和存储选区。

图 4-11   建立专色通道

图 4-12   Alpha 通道

4.2.5   混合颜色功能

PS 中有剪贴蒙版、图层蒙版和快速蒙版三种。

剪贴蒙版：将上个图层的内容限制在下个图层的范围内，必须是上下层关系。

图层蒙版：相当于蒙在图层上的一层板子，结合画笔使用；显示和隐藏图层的作用。有句小口诀：白显、黑不显、灰色中间调。

快速蒙版：快速建立选区的工具，并且自带羽化效果；也是结合画笔使用，可以更加快速选择选区。快捷键是按 Q 键就进入快速蒙版，B 键是笔刷，再按 Q 键就是退出。下面的例子我们将会使用到蒙版，同时，重点通过混合颜色来实现以下效果。

使用 PS 的混合颜色功能可以将不同风景的元素（"素材库 \ 素材图片 \ 项目 4\"文件夹中的 12.JPG 文件和 13.JPG 文件）合成到同一张照片中，如图 4-13 所示。

图 4-13　风景元素

在同一个文件中打开两张风景图，将白云图像放在上层。双击"图层 1"的缩略图，打开"图层样式"对话框，如图 4-14 所示，然后将"本图层"的黑色滑块向右拖曳，同时在文档窗口中观察混合效果。

按住 Alt 键同时单击"本图层"的黑色滑块，将其分开，然后将右边的半个滑块向右拖曳，这样可以使混合效果变得柔和、自然，如图 4-15 所示。

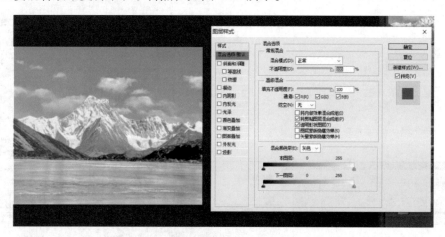

图 4-14　混合颜色

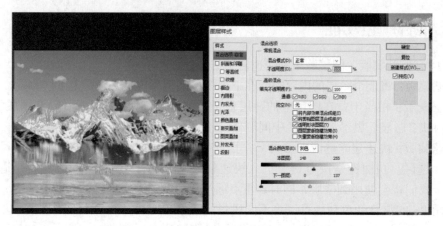

图 4-15　使用滑块

为"图层 1"添加一个图层蒙版，然后使用黑色柔边"画笔工具"在蒙版中修饰天空，如图 4-16 和图 4-17 所示。

按快捷键 Ctrl＋J 复制一个"图层 1 副本"图层，然后设置该图层的"混合模式"为"柔光"，最终效果如图 4-18 所示。

注意：混合颜色带，选择控制混合效果的颜色通道。如果选择"灰色"通道，则可以使用所有的颜色通道来控制混合效果。

图 4-16　添加图层蒙版

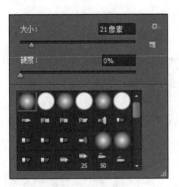

图 4-17　修饰天空

图 4-18　柔光效果

4.3　任务实施步骤

4.3.1　任务 1 实施

设 计 目 的

掌握使用钢笔工具、画笔工具、图层面板和通道面板抠出玻璃杯的操作，学会调整广告图像元素布局。

实 施 步 骤

第 1 步：按快捷键 Ctrl＋O，打开"素材库＼素材图片＼项目 4＼01.jpg"文件，如图 4-19 所示。

第 2 步：选择"钢笔"工具，在属性栏中的"选择工具模式"中选择"路径"，沿着酒杯绘制路径，按快捷键 Ctrl＋Enter，将路径转化为选区，如图 4-20 所示。

第 3 步：按快捷键 Ctrl＋J，复制选区中的图像，并生成新的图层。选择"背景"图层。新建图层。将前景色设为暗绿色，RGB 值设为（0，70，12）。按快捷键 Alt＋Delete，填充图层，如图 4-21 所示。

图 4-19　打开文件

图 4-20　绘制选区

第 4 步：在"通道"控制面板中，选取"蓝"通道，并将其拖曳到控制面板下方的"创建新通道"按钮上，复制通道，如图 4-22 所示。

第 5 步：选择"图像"→"调整"→"亮度 / 对比度"命令，在弹出的对话框中进行设置，如图 4-23 左图所示，单击"确定"按钮，效果如图 4-23 右图所示。

第 6 步：单击"通道"控制面板下方的"将通道作为选区载入"按钮，载入通道选区，如图 4-24 所示。

图 4-21　新建绿色图层

图 4-22　创建通道

图 4-23　亮度 / 对比度调整

图 4-24　通道载入

第 7 步：选择"图层 1"，单击控制面板下方的"添加图层蒙版"按钮，为图层添加蒙版，图像效果如图 4-25 所示。

图 4-25　添加图层蒙版

第 8 步：选择"图层 1"，按快捷键 Ctrl＋J 复制图层。

第 9 步：右击图层蒙版，在弹出的菜单中选择"应用图层蒙版"命令，应用图层蒙版，如图 4-26 所示。

第 10 步：在"图层"控制面板上方，将该图层的混合模式选项设为"滤色"，图像效果如图 4-27 所示。

图 4-26　应用图层蒙版　　　　　　　　　　图 4-27　滤色混合

第 11 步：选择绘制的路径，然后选择"背景"图层，按快捷键 Ctrl＋Enter 将路径转化为选区。

第 12 步：按快捷键 Ctrl＋J 复制选区中的图像，如图 4-28 所示。

第 13 步：将"图层 3"拖曳到"图层 2"的上方。

第 14 步：单击控制面板下方的"添加图层蒙版"按钮，为图层添加蒙版，如图 4-29 所示。

图 4-28　绘制选区新建图层　　　　　　　　　图 4-29　添加蒙版

第 15 步：按住 Alt 键的同时，单击"图层 3"左侧的眼睛图标，隐藏其他图层。选择"画笔"工具，在属性栏中单击"画笔"选项右侧的按钮，弹出画笔选择面板，设置如图 4-30 左图所示，在图像窗口中进行涂抹擦除不需要的图像，如图 4-30 右图所示。

第 16 步：显示"图层 3"上方的两个图层，将需要的图层同时选取，按快捷键 Alt＋Ctrl＋E，盖印选定的图层。

第 17 步：按快捷键 Ctrl＋O，打开本书素材中的"项目 4\ 任务素材 \ 任务 1 素材 \ 02.jpg"文件，选择"移动"工具，将抠出的图像拖曳到 02.jpg 文件中，并调整其大小，如图 4-31 所示。

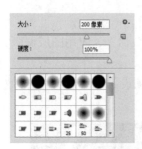 

图 4-30　画笔涂抹

图 4-31　添加背景纹理

第 18 步：按快捷键 Ctrl＋O，打开本书素材中的"项目 4\ 任务素材 \ 任务 1 素材 \ 03.png"文件，选择"移动"工具，将 03.png 图像拖曳到 02.jpg 文件中，并调整其大小，使用通道面板抠出玻璃器具，制作完成。

4.3.2　任务 2 实施

学习使用通道面板抠出婚纱。

第 1 步：按快捷键 Ctrl＋O，打开"素材库 \ 素材图片 \ 项目 4\04.jpg"文件。

第 2 步：选择"钢笔"工具，在属性栏的"选择工具模式"选项中选择"路径"，沿着人物的轮廓绘制路径，绘制时要避开半透明的婚纱。按快捷键 Ctrl＋Enter，将路径转化为选区，如图 4-32 所示。

第 3 步：单击"通道"控制面板下方的"将选区存储为通道"按钮，将选区存储为通道，取消选区。将"蓝"通道拖曳到控制面板下方的"创建新通道"按钮，复制通道，如图 4-33 所示。

第 4 步：选择"钢笔"工具，在图像窗口中沿着婚纱边缘绘制路径。按快捷键 Ctrl＋Enter，将路径转化为选区。按快捷键 Shift＋Ctrl＋I，将选区反选，如图 4-34 所示。

图 4-32   绘制路径 　　　　　　　　　　　　　　　图 4-33   复制通道

第 5 步：将前景色设为黑色。按快捷键 Alt＋Delete，用前景色填充选区，取消选区，效果如图 4-35 所示。

图 4-34   使用钢笔工具抠图 　　　　　　　　　　图 4-35   填充选区

第 6 步：选择"图像"→"计算"命令，在弹出的对话框中进行设置，单击"确定"按钮，如图 4-36 所示。

图 4-36   图像计算

第 7 步：按住 Ctrl 键的同时，单击通道载入婚纱选区。单击 RGB 通道，显示彩色图像。单击"图层"控制面板下方的"添加图层蒙版"按钮，添加图层蒙版，图像效果如图 4-37 所示。

第 8 步：选择"画笔"工具 ，在属性栏中单击"画笔"选项右侧的按钮，弹出画笔选择面板，设置画笔参数，将"大小"选项设为 50 像素，在图像窗口中进行涂抹、擦除不需要的图像，如图 4-38 所示。

图 4-37　添加图层蒙版

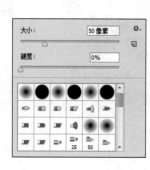

图 4-38　画笔涂抹

第 9 步：按快捷键 Ctrl＋O，打开"素材库＼素材图片＼项目 4\05.jpg"，选择"移动"工具，将 02 图像拖曳到 01 文件中，并调整其大小，在"图层"控制面板中生成新的图层。将该图层拖曳到"图层 0"的下方，图像效果如图 4-39 所示。

图 4-39　添加背景

第 10 步：按快捷键 Ctrl＋O，打开"素材库＼素材图片＼项目 4\06.png"文件，选择"移动"工具，将 03 图像拖曳到 01 文件中。使用通道面板抠出婚纱，制作完成。

4.3.3　任务 3 实施

设 计 目 的

学习使用调整边缘命令抠出头发。

实 施 步 骤

第 1 步：按快捷键 Ctrl+O，打开"素材库 \ 素材图片 \ 项目 4\07.jpeg"文件。

第 2 步：选择"魔棒"工具，在属性栏中将"容差"选项设为 20，按住 Shift 键的同时，在图像背景中单击鼠标，生成选区，如图 4-40 所示。

第 3 步：按快捷键 Shift+Ctrl+I，反选选区。

第 4 步：选择"选择"→"调整边缘"命令，弹出"调整边缘"对话框，如图 4-41 所示，在图像窗口中显示叠加状态，如图 4-42 所示。

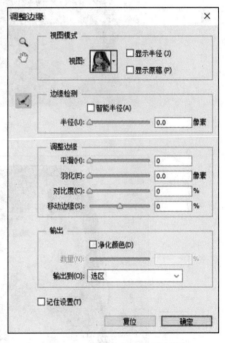

图 4-40　使用魔棒工具抠图　　　　图 4-41　"调整边缘"对话框

第 5 步：在图像窗口中沿着头发边缘绘制，将边缘加入叠加区域。单击"确定"按钮，在图像窗口中生成选区，如图 4-43 所示。

第 6 步：按快捷键 Ctrl+O，打开"素材库 \ 素材图片 \ 项目 4\ 08.jpg"文件。选择"移动"工具，将 01 文件选区中的图像拖曳到 02 文件中，并调整其大小，在"图层"控制面板中生成新的图层。按快捷键 Ctrl+J，生成副本图层，如图 4-44 所示。

第 7 步：选择"滤镜"→"滤镜库"命令，在弹出的对话框中进行设置，单击"确定"按钮，效果如图 4-45 所示。

图 4-42　叠加状态

图 4-43　调整边缘

图 4-44　添加背景

图 4-45　滤镜应用

　　第 8 步：单击"图层"控制面板下方的"创建新的填充或调整图层"按钮 ，在弹出的菜单中选择"渐变映射"命令，在"图层"控制面板中生成"渐变映射 1"图层。弹出"渐变映射"面板，单击"点按可编辑渐变"按钮，弹出"渐变编辑器"对话框，选择"紫，橙渐变"。在"位置"选项中分别输入 0、41、100 几个位置点，分别设置几个位置点颜色的 RGB 值为：（12，6，102）、（233，150，5）、（248，234，195），如图 4-46 所示。单击"确定"按钮。

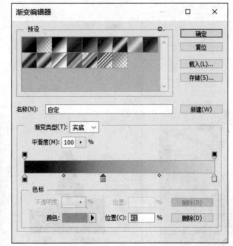

图 4-46　颜色渐变

4.4　项目实训

4.4.1　问答题

（1）"色彩范围"命令的作用是什么？

（2）路径的创建工具有哪些？

（3）什么是通道？通道的作用是什么？

4.4.2　实训题：制作文档封面底图

实 训 内 容

使用色彩范围命令抠出人物，最终效果如图 4-47 所示。

实 训 步 骤

第 1 步：按快捷键 Ctrl+O，打开"素材库 \ 素材图片 \ 项目 4\09.jpg"文件。

第 2 步：选择"选择"→"色彩范围"命令，弹出"色彩范围"对话框，在蓝色背景上单击鼠标，背景缩览图显示为白色。

第 3 步：将"颜色容差"选项设为 70，单击"确定"按钮。在图像窗口中生成选区，如图 4-48 所示。

第 4 步：按快捷键 Shift+Ctrl+I，反选选区，如图 4-49 所示。

第 5 步：选择"选择"→"修改"→"收缩"命令，在弹出的对话框中进行设置，如图 4-50 所示。单击"确定"按钮，收缩选区。

图 4-47　封面底图效果图

图 4-48　色彩范围设置

图 4-49　反向选区

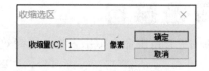

图 4-50　收缩选区

第 6 步：按快捷键 Ctrl＋O，打开"素材库 \ 素材图片 \ 项目 4\10.jpg"文件。

第 7 步：选择"移动"工具，将选区中的图像拖曳到 02 文件中，并调整其大小，使用色彩范围抠出人物，制作完成。

项目 5　修饰图像

项 目 简 介

修饰图像是 Photoshop 强大的基本功能之一，在本项目中，将主要讲解图像修饰所涉及的橡皮工具组、图章工具组、修复画笔工具组、模糊工具组、加深工具组以及裁剪工具，通过制作悦读广告案例任务的方式导入，在实际操作中体会工具的具体效果和操作技巧。使用修饰工具，不仅能对图像作仿制、修复、色彩简单加深等处理，还能轻松实现饱和度等效果变化，让缺陷图像华丽变身为亮丽美图。

知 识 培 养 目 标

- 掌握使用仿制图章、污点修复工具对图像进行修复。
- 熟悉模糊锐化工具、加深简单工具的作用效果。
- 精通裁剪工具的使用。

能 力 培 养 目 标

- 选择合适修补工具的能力。
- 灵活切换工具。

素 质 培 养 目 标

- 具备自主学习和总结的能力。
- 具备自我展示能力和一定的创新能力。
- 具备高度的责任感。
- 具有团队精神和合作意识。

思 政 培 养 目 标

课程思政及培养目标如表 5-1 所示。

表 5-1　课程思政及培养目标关联表

知识点及教学内容	思政元素切入	育人目标及实现方法
修复工具与图像修饰	知识产权法是由著作权法、商标法和专利法等法律法规构成，出于商业目的去掉图片水印滥用有可能会违反知识产权法，应提高学生诚信守法意识	在深入挖掘图像绘制与修饰设计能力的同时，重点培养学生的职业修养和专业技能

续表

知识点及教学内容	思政元素切入	育人目标及实现方法
案例演示	强化学生专业剖析能力和技术技能的培养，引导学生立足时代，树立正确的职业观、价值观，提高艺术审美能力	培养学生对去除图像中污渍、杂物或进行图像合成处理能力，全面提高学生的职业素养和人文素养

5.1 导入任务

5.1.1 展示任务效果

任务 1：制作悦读广告

阅读是一次精神的旅行，不必远足，却可以领略不同的人生和思想。接下来将共同学习如何制作一份图书的销售广告，效果图如图 5-1 所示（彩色效果参见"素材库\效果图片\项目 5\悦读广告效果图"）。

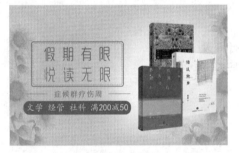

图 5-1 悦读广告

任务 2：制作怀旧版本的老照片

将图片（素材见"素材库\素材图片\项目 5\风景.jpg"）中的障碍物消除，然后使用滤镜、图像调整等命令逐步将图片进行改头换面，制作怀旧版本的老照片效果，如图 5-2 所示（彩色效果参见"素材库\效果图片\项目 5\怀旧版本的老照片效果图"）。

任务 3：美白照片

将人物脸部（素材见"素材库\素材图片\项目 5\脸部.jpg"）的斑点消除，并进行美白皮肤，如图 5-3 所示（彩色效果参见"素材库\效果图片\项目 5\美白效果图"）。

图 5-2 怀旧版本的老照片效果对比 **图 5-3 美白照片**

5.1.2 提出问题与思考

（1）橡皮擦工具组包括哪些工具？这些工具有何功能？
（2）仿制图章工具与图案图章工具有何区别？

（3）修复画笔工具组包括哪些工具？这些工具有何功能？

（4）模糊、锐化、涂抹工具组包括哪些工具？这些工具有何功能？

（5）加深、减淡、海绵工具组包括哪些工具？这些工具有何功能？

（6）修补工具中修补的"源"和"目标"的意义是什么？

5.2　知　识　点

5.2.1　橡皮工具组

橡皮擦工具就像绘画时使用橡皮擦一样，可以擦除任何图像。

1. 橡皮擦工具

双击橡皮擦工具 下方的黑三角尖，即可弹出橡皮擦工具组，如图 5-4 所示。

选择"橡皮擦工具"命令，即可启用橡皮擦工具选项栏，如图 5-5 所示。

图 5-4　橡皮擦工具组　　　　　　**图 5-5　橡皮擦工具选项栏**

打开"素材库\素材图片\项目 5"文件夹下的"苹果 .jpg"文件，选择橡皮擦工具擦除图像，若设置背景为黄色，擦除图像后擦除区域则变为黄色，如图 5-6 所示。

2. 背景橡皮擦工具

与橡皮擦工具相比，背景橡皮擦工具可以将图像擦除到透明色，它的选项栏如图 5-7 所示。

图 5-6　用橡皮擦工具擦除图像

图 5-7　背景橡皮擦工具选项栏

（1）限制模式按钮。

不连续：抹除出现在画笔上任何位置的样本颜色。

连续：抹除包含样本颜色并且相互连接的区域。

查找边缘：抹除包含样本颜色连接区域，同时更好地保留形状边缘的锐化程度。

（2）容差：确定擦除图像或选取的容差范围 1%~100%，其数值决定了将被擦除的颜色范围，数值越大，表明擦除的区域颜色与基准色相差越大。

（3）保护前景色：把不希望被擦除的颜色设为前景色，选中此复选框可以达到擦除时保护颜色的目的，这正好与前面的"容差"相反。

（4）取样方式。

连续：鼠标指针在图像中不同颜色区域移动，则工具箱中的背景色也将相应地发生变化，并不断地选取样色。

一次：先单击选取一个基准色，然后一次把擦除工作做完，这样，它将把与基准色一样的颜色擦除掉。

背景色板：表示以背景色作为取样颜色，只擦除选区中与背景色相似或相同的颜色。

打开"素材库\素材图片\项目 5"文件夹下的"荷花 .jpg"文件，选择背景橡皮擦工具，限制为"查找边缘"，"容差"为 100%，取样为"一次"，效果如图 5-8 所示。

图 5-8 背景橡皮擦工具更改参数后的擦除效果

3. 魔术橡皮擦工具

魔术橡皮擦工具是一种根据像素颜色来擦除图像的工具，应用魔术橡皮擦工具时，所有相似的颜色区域被擦除掉变成透明的区域。

5.2.2 图章工具组

应用图章工具对图像局部进行复制、修复、特效制作很方便。

1. 仿制图章工具

双击仿制图章工具 下方黑三角尖，即可调出图章工具组。

选择"仿制图章工具"命令，即可调用仿制图章工具选项栏，如图 5-9 所示。

图 5-9 "仿制图章工具"选项栏

"对齐"复选框用于控制是否在复制时使用对齐功能。如果选中该复选框，则当定位复制基准点之后，系统将一直以首次单击点为对齐点，这样即使在复制的过程中松开鼠标，分几次复制全部的图像，图像也可以得到完整的复制。如果未选中该复选框，那么在复制过程中松开鼠标后，继续进行复制时，将以新的单击点为对齐点，重新复制基准点周围的图像。

　　打开"素材库＼素材图片＼项目 5"文件夹下的"兔子 .jpg"文件，选择仿制图章工具，按下 Alt 键，此刻光标变成中心带有十字准心的圆圈，单击图像，在原图像中确定要复制的参考点。选定参考点后松开 Alt 键，光标变成空心圆圈。将光标移动到图像的左边位置单击，此单击点对应前面定义的参考点，反复拖曳，可以将参考点周围的图像复制到单击点周围，即复制完成一只兔子，效果如图 5-10 所示。

图 5-10　使用仿制图章工具仿制效果图

2. 图案图章工具

图案图章工具是以预先定义的图案为复制对象复制到图像中。

5.2.3　修复画笔工具组

修复画笔工具组，如图 5-11 所示。

1. 污点修复画笔工具

单击污点修复画笔工具 ，即可调用污点修复画笔工具选项栏，如图 5-12 所示。

图 5-11　修复画笔工具组

![污点修复画笔工具选项栏]

图 5-12　污点修复画笔工具选项栏

　　近似匹配：使用选区边缘周围的像素来查找要用作选定区域修补的图像区域，如果此选项的修复效果不能令人满意，可还原修复并尝试选中"创建纹理"选项。

　　创建纹理：使用选区中的所有像素创建一个用于修复该区域的纹理。在选区中拖动鼠标即可创建纹理，如果纹理不起作用，则应尝试再次拖过该区域。

　　对所有图层取样：选中此复选框，可从所有可见图层中对数据进行取样。如果取消选中"对所有图层取样"复选框，则只从现用图层中取样。

打开"素材库＼素材图片＼项目 5"文件夹下的"蝴蝶 .jpg"文件，选择污点修复画笔工具，在污点修复画笔工具选项栏中设置模式为"正常"，类型为"近似匹配"。使用污点修复画笔工具在瑕疵上单击或拖动，污点消失，效果如图 5-13 所示。

图 5-13　使用污点修复画笔工具修复效果图

2. 修复画笔工具

修复画笔工具可用于校正瑕疵，使它们消失在周围的图像中，与仿制工具一样，使用修复画笔工具可以利用图像或图案中的样本像素来绘画。修复画笔工具还可以将样本像素的纹理、光照和阴影与源像素进行匹配，从而使修复后的像素不留痕迹地融入图像中。

选择"修复画笔工具"命令，即可调用修复画笔工具选项栏，如图 5-14 所示。

图 5-14　修复画笔工具选项栏

画笔：设置修复画笔的直径、硬度、间距、角度、圆度等。

模式：设置修复画笔绘制的像素和原来像素的混合模式。

源：设置用于修复像素的来源。选择"取样"，则使用当前图像中定义的像素进行修复；选择"图案"则可从后面的下拉菜单中选择预定义的图案对图像进行修复。

对齐：设置对齐像素的方式，与其他工具类似。

3. 修补工具

修补工具可以用其他区域或图案中的像素来修复选中的区域。与修复画笔工具一样，修补工具会将样本像素的纹理、光照和阴影与源像素进行匹配。

选择"修补工具"命令即可调用修补工具选项栏，如图 5-15 所示。

图 5-15　修补工具选项栏

修补：设置修补的对象。选中"源"，将选区定义为想要修复的区域。选中"目标"，则将选区定义为进行取样的区域。

使用图案：单击此按钮，会使用当前选中的图案对选区进行修复。

4. 红眼工具

红眼工具可以移去用闪光灯拍摄的人物照片中的红眼，也可以移去用闪光灯拍摄的动物照片中的白色或绿色反光。

选择"红眼工具"命令，即可调用红眼工具选项栏，如图 5-16 所示。

瞳孔大小：设置瞳孔（眼睛暗色的中心）的大小。

变暗量：设置瞳孔的暗度。

打开"素材库\素材图片\项目 5"文件夹下的"红眼人 .jpg"文件，选择红眼工具，单击红色眼球，红眼立即就会消失，效果如图 5-17 所示。

图 5-16　红眼工具选项栏　　　　图 5-17　使用红眼工具修复效果图

5.2.4 模糊、锐化、涂抹工具组

1. 模糊工具

"模糊、锐化、涂抹"工具组，如图 5-18 所示。

选择"模糊工具"命令，即可调用模糊工具选项栏，如图 5-19 所示。

图 5-18 模糊、锐化、涂抹工具组　　　图 5-19 模糊工具选项栏

画笔：设置模糊的大小，同时也可应用动态画笔选项。

模式：设置像素的合成模式，有正常、变暗、变亮、色相、饱和度、颜色亮度等选项。

强度：设置画笔的力度。数值越大，画出的线条颜色越深，也越有力。

对所有图层取样：选中该复选框，则将模糊应用于所有可见图层；否则只应用于当前图层。

打开"素材库\素材图片\项目 5"文件夹下的"水果 .jpg"文件，选择模糊工具，使用模糊工具在图像中要进行模糊处理的区域按住鼠标左键来回拖曳，效果如图 5-20 所示。

图 5-20 使模糊工具模糊效果图

2. 锐化工具

锐化工具通过增加颜色的强度，使得颜色柔和的边界或区域变得清晰、锐化，可以增加图像的对比度，使图像变得更清晰。进行模糊操作的图像再经过锐化处理是不能恢复到原始状态的。锐化工具选项栏与模糊工具选项栏完全相同。

3. 涂抹工具

涂抹工具可模拟在未干的绘画纸上拖动手指的动作。如果图像在颜色与颜色之间的边界生硬，或者颜色与颜色之间过渡不好，可以使用涂抹工具，将过渡颜色柔和化。选项栏如图 5-21 所示。

图 5-21 涂抹工具选项栏

手指绘画：若选中此选项，则可以使用前景色在每一笔的起点开始，向鼠标拖曳的方向进行涂抹；如果不选，则用起点处的颜色进行涂抹。

5.2.5　减淡、加深、海绵工具组

1. 减淡工具

"加深、减淡、海绵"工具组，如图 5-22 所示。

选择"减淡工具"命令，即可调用减淡工具选项栏，如图 5-23 所示。

图 5-22　加深、减淡、海绵工具组　　　　　**图 5-23　减淡工具选项栏**

范围：在"范围"下拉列表中有 3 个选项，即暗调、中间调和高光。选择"暗调"，只作用于图像的暗色部分；选择"中间调"，只作用于图像中暗色与亮色之间的部分；选择"高光"，只作用于图像的亮色部分。

曝光度：设置图像的曝光强度。强度越大，则图像越亮。

打开"素材库\素材图片\项目 5"文件夹下的"西瓜 .jpg"文件，选择减淡工具，在图像中涂抹减淡图像，效果如图 5-24 所示。

图 5-24　使用减淡工具减淡效果图

2. 加深工具

加深工具又称"回暗工具"，与减淡工具相反，它通过使图像变暗来加深图像的颜色。通常用来加深图像的阴影或对照图像中有高光的部分进行暗化处理。加深工具选项栏与减淡工具选项栏完全相同。

3. 海绵工具

海绵工具能精细地改变某一区域的色彩饱和度，故对黑白图像处理的效果很不明显。在灰度模式中，海绵工具通过将灰色色阶远离或移到中灰色来增加或降低对比度。选项栏如图 5-25 所示。

图 5-25　海绵工具选项栏

提示：在"模式"下拉列表中可以选择"降低饱和度"或"饱和"选项。选择"降低饱和度"选项，可以降低图像颜色的饱和度，一般用它来表现比较阴沉、昏暗的效果；选择"饱和"选项，可以增加图像的饱和度。

5.2.6　裁剪工具

在对数码照片或者扫描的图像进行处理时，经常需要裁剪图像，以便删除多余的内容，使画面的构图更加完美。使用裁剪工具 可以对图像进行裁剪，重新定义画布的大小。

打开"素材库\素材图片\项目 5"文件夹下的"羊.jpg"文件，选择裁剪工具，画面的四周会出现边框（类似于自由变换中的定界框）。将光标定位在边框的边点或角点处，向内拖动，会发现边框以外的区域变成灰色。选择移动工具 ，在弹出的对话框中单击"裁剪"按钮，或在边框内双击，即可完图像的裁切，效果如图 5-26 所示。

图 5-26　裁剪图像

另外，在"裁剪"图像时，除了可以通过控制裁剪框的范围来调整图像的范围外，还可以按住鼠标左键拖动，以框选的方式来确定目标图像范围。

如图 5-27 所示为裁剪工具选项栏，其中常用的参数及其作用如表 5-2 所示。

图 5-27　裁剪工具选项栏

表 5-2　裁剪工具选项说明

序号	参　　数	说　　明
1	裁剪方式	包括"比例""原始比例""新建裁剪预设""删除裁剪预设"等选项，用户可以输入宽度、高度和分辨率等，裁剪后图像的尺寸由输入的数值决定
2	拉直	单击该按钮，可以通过在图像上画一条线来拉直该图像，常用于校正倾斜的图像
3	裁剪工具的叠加选项	在该下拉列表中，可以选择裁剪参考线的样式以及叠加方式
4	删除裁剪的像素	不勾选该选项，Photoshop CC 会将裁剪工具裁掉的部分保留，可以随时还原；如果勾选该选项，将不再保留裁掉的部分

5.3 任务实施步骤

5.3.1 任务 1 实施

设 计 目 的

掌握将图案预设并填充、设置减淡工具选项栏并应用的基本操作。熟练制作文字样式。

实 施 步 骤

第 1 步：按快捷键 Ctrl ＋ N，调出"新建"对话框。设置"宽度"为 750 像素、"高度"为 465 像素、"分辨率"为 72 像素 / 英寸、"颜色模式"为 RGB 颜色、"背景内容"为白色，单击"确定"按钮，完成画布的创建。

第 2 步：设置"前景色"为淡绿色，RGB 值为（205，240，210），按快捷键 Alt ＋ Delete 为背景填充前景色。

第 3 步：打开本书素材中的"素材库 \ 素材图片 \ 项目 5\ 向日葵 .jpg 文件"，如图 5-28 左图所示。选择"移动工具"，将向日葵置入画布中。

第 4 步：选择橡皮擦工具，在选项栏中设置"笔尖形状"为柔边圆、"画笔大小"为 50 像素。在"向日葵"边缘进行涂抹，擦除多余像素，效果如图 5-28 右图所示。

图 5-28　使用橡皮擦工具

第 5 步：按快捷键 Ctrl ＋ T，调出定界框，调整"向日葵"的大小和位置。

第 6 步：按快捷键 Ctrl ＋ J，复制"向日葵"。选择移动工具，将复制的向日葵移至适当位置并改变其大小，效果如图 5-29 所示。

图 5-29　复制并移动

第 7 步：在"图层"面板中，同时选中两个向日葵图层，调整图层"不透明度"为

30%，效果如图 5-30 所示。同时选中所有图层，按快捷键 Ctrl＋E，将其合并到"背景"层。

　　第 8 步：按快捷键 Ctrl＋N，调出"新建"对话框。设置"宽度"为 5 像素、"高度"为 10 像素、"分辨率"为 72 像素 / 英寸、"颜色模式"为 RGB 颜色、"背景内容"为透明，单击"确定"按钮，完成画布的创建。

　　第 9 步：选择矩形选框工具，在选项栏中设置"样式"为固定大小、"宽度"为 1 像素、"高度"为 10 像素。在画布中单击，创建选区，并为选区填充绿色，RGB 值为（180，210，190），如图 5-31 所示。按快捷键 Ctrl＋D 取消选区。

　　第 10 步：选择"编辑"→"定义图案"命令，在弹出的对话框中单击"确定"按钮。

　　第 11 步：回到画布中，选择油漆桶工具，在选项栏中设置"填充区域的源"为图案，单击"图案拾色器"，弹出下拉列表，选择第 10 步中定义的图案。

　　第 12 步：按快捷键 Ctrl＋Shift＋Alt＋N，新建图层。在"图层"面板中，同时选中所有图层，按快捷键 Ctrl＋E，将其合并到"背景"层。

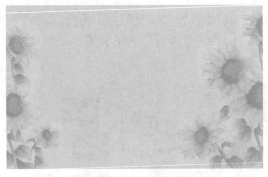

图 5-30　调整"不透明度"

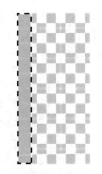

图 5-31　填充选区

　　第 13 步：依次打开本书素材"素材库 \ 素材图片 \ 项目 5"文件夹下的"立体书 1.png""立体书 2.png"和"立体书 3.png"。

　　第 14 步：选择移动工具，将其逐一置入画布，并调整图层顺序和排列效果，如图 5-32 所示。

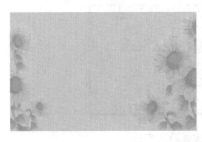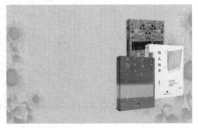

图 5-32　定义图案与添加素材

　　第 15 步：选择"背景"层，选择减淡工具，将图书后方的图像进行颜色减淡，如图 5-33 所示。

　　第 16 步：选择横排文字工具，在"字符"面板中设置"字体"为造字工房悦黑体验细长体、"字体大小"为 51 点、"字体颜色"为绿色，RGB 值为（60，160，100）、"字体间距"为 500。在画布中输入"假期有限",如图 5-34 所示。

图 5-33 "减淡工具"使用　　　　图 5-34 添加文字"假期有限"

第 17 步:继续在画布中输入文字:悦读无限,并设置其"字体颜色"为玫红,RGB 值为(245,90,135)。

第 18 步:选择圆角矩形工具 ,在选项栏中设置"填充"为无颜色、"描边"为绿色、RGB 值为(60,160,100)、"描边粗细"为 2 点、"半径"为 8 像素,在画布中绘制一个圆角矩形形状,如图 5-35 所示。

图 5-35 绘制圆角矩形

第 19 步:再次运用圆角矩形工具,在画布中绘制一个略小的圆角矩形形状,在选项栏中设置"描边类型"为虚线,效果如图 5-36 所示。

图 5-36 绘制虚线圆角矩形

第 20 步:选择横排文字工具,在选项栏中设置"字体"为方正细黑一简体、"字体大小"为 25 点、"字体颜色"为绿色、RGB 值为(60,160,100)。在画布中输入"症候群疗伤周"。

第 21 步:选择直线工具,在选项栏中设置"填充"为绿色、RGB 值为(60,160,100)、"描边"为无颜色,在画布中绘制两条稍短的直线,效果如图 5-37 所示。

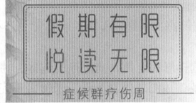

图 5-37　"症候群疗伤周"文字效果

第 22 步：选择圆角矩形工具 ，在选项栏中设置"填充"为玫红、RGB 值为（245，90，135）、"描边"为无颜色、"半径"为 20 像素，在画布中绘制一个圆角矩形形状。

第 23 步：选择横排文字工具 T，在选项栏中设置"字体"为迷你简稚艺、"字体大小"为 30 点、"字体颜色"为黄色、RGB 值为（250，250，155）。在画布中输入文字信息"文学 经管 社科　满 200 减 50"，如图 5-38 所示，悦读广告绘制完成。

图 5-38　满减文字信息

5.3.2　任务 2 实施

设 计 目 的

巩固修复工具组和仿制图章工具的使用技巧，并能熟练灵活运用。

实 施 步 骤

第 1 步：打开"素材库 \ 素材图片 \ 项目 5\ 风景 .jpg"文件。

第 2 步：选择修补工具，框选路牌选区，拖曳选区至合适位置，得到效果如图 5-39 所示。

图 5-39　删除路牌

第 3 步：选择仿制图章工具，修复修补不完善的位置，使用时图章的硬度要尽量地调软，如图 5-40 所示。

第 4 步：去除路面阴影。选择多边形套索工具，框选阴影区域。

第 5 步：选择修补工具，向下拖曳选区，将阴影消除。还需要使用图章仿制工具，来覆盖不完整的位置。需要覆盖的内容有两种，一是之前阴影修复不够完美的地方，二是消除特性过于明显的路面纹理，原因很简单，特性过于明细，仿制的时候容易看出破绽。同样的方法，将路面上的阴影全部消除，效果如图 5-41 所示。

图 5-40　使用仿制图章工具修复路面

第 6 步：为图片添加渐变效果。选择"图像"→"调整"→"渐变映射"命令，设置渐变颜色为"黑到白"。再选择"图像"→"调整"→"色阶"命令，参照图 5-42 所示进行调整参数。

图 5-41　修补路面阴影

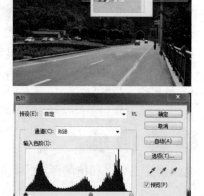

图 5-42　渐变调整

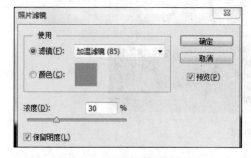

图 5-43　"照片滤镜"对话框

第 7 步：选择菜单"图像"→"调整"→"照片滤镜"命令，调整参数如图 5-43 所示。

第 8 步：新建图层"图层 1"，设置前景色和背景色为默认的白色和黑色，选择"滤镜"→"渲染"→"云彩"命令，再执行"滤镜"→"渲染"→"纤维"命令，如图 5-44 所示。

第 9 步：选择"图像"→"调整"→"阈值"命令，设置阈值色阶为 20，如图 5-45 所示。

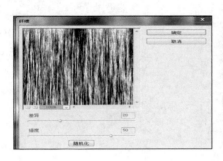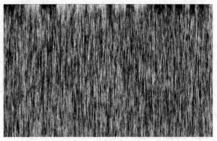

图 5-44　执行"纤维"效果

图 5-45　执行"阈值"效果

第 10 步：新建图层"图层 2"，填充为黑色，在图层调板中设置"填充不透明度"为 0，单击图层调板中的添加图层样式按钮 **fx**，添加"渐变叠加"样式，设置渐变颜色为"前景色到透明渐变"、样式为"径向"、缩放为150%，参数如图 5-46 所示。

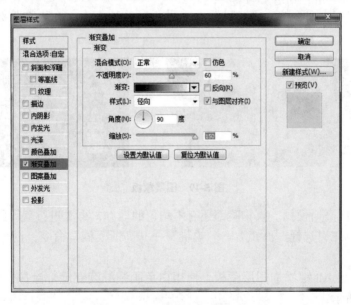

图 5-46　"渐变叠加"选项区域

第 11 步：按快捷键 Ctrl＋E 向下合并图层，合并"图层 2"和"图层 1"，设置图层的混合模式为"叠加"，更改图层的不透明度为 50%，怀旧版本的老照片制作完成。

5.3.3　任务3实施

设计目的

掌握污点修复工具和修复工具的使用技巧。

实施步骤

第1步：打开"素材库\素材图片\项目5\脸部.jpg"文件，复制图层。

第2步：修补面部污点。选择污点修复画笔工具，将人物脸部斑点修复，人物脸部斑点密集，修复时要耐心、细心，如图5-47所示。

第3步：盖印图层、高斯模糊。祛斑后人物脸部看上去很花，按快捷键Ctrl+Alt+Shift+E盖印图层，选择"滤镜"→"模糊"→"高斯模糊"命令，设置值为5，效果如图5-48所示。

图5-47　修复脸部斑点

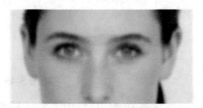

图5-48　高斯模糊

第4步：按住Alt键添加图层蒙板，如图5-49所示。将前景色设为"白色"，选择画笔工具，选取"柔边圆"的笔刷，设置不透明度为30%左右，在人物脸部涂抹，将不干净的位置抹均匀。

图5-49　图层蒙板

第5步：再次高斯模糊。人物脸部还有不均匀的地方，再次进行盖印图层，按快捷键Ctrl+Alt+Shift+E，选择"滤镜"→"模糊"→"高斯模糊"命令，设置值为10，效果如图5-50所示。

第6步：按住Alt键添加图层蒙板，使用白色画笔继续在脸部涂抹，将脸部擦干净，效果如图5-51所示。

第7步：表面模糊。人物脸部祛斑以后，变得苍白，少了皮肤的纹理。将背景图层进行复制，并把复制的背景图层移到图层的最上方，选择"滤镜"→"模糊"→"表面模糊"命令，半径设置为9，阈值设置为15。

图 5-50 再次高斯模糊

图 5-51 添加图层蒙板

第 8 步：确定后，将图层"混合模式"改为"柔光"，图层的"不透明度"设置为50%。美白照片绘制完成。

5.4 项目实训

5.4.1 问答题

（1）如何使用仿制图章工具复制图像？
（2）如何使用修复工具组中的两种修复工具修复图像中的斑点等杂物？
（3）模糊、锐化和涂抹工具的作用是什么？

5.4.2 实训题：制作"空中城堡"效果图

实 训 内 容

灵活应用橡皮擦、图章工具将两张图片合成"空中城堡"，制作效果如图 5-52 所示。

图 5-52 "空中城堡"效果

实 训 步 骤

第 1 步：打开"素材库\素材图片\项目 5"文件夹中的素材"城堡 .jpg"和"天空 .jpg"。

第2步：选择移动工具 ⊕，将"城堡"图片拖曳到"天空"图片的图像窗口中，按快捷键 Ctrl＋T，调整"城堡"图像的大小，如图 5-53 所示。

图 5-53　拖放"城堡"图片

第3步：设置背景图层为不可见。单击背景图层，取消缩列图前的可见 ⊙，使该图层不可见。

第4步：应用魔术橡皮擦工具擦除"天空"。选择魔术橡皮擦工具 ❋，在魔术橡皮擦工具选项栏设置容差为20（数值仅供参考），其他项为默认值。用魔术橡皮擦工具在"图层1"中的天空处单击，擦除该图层中的"天空"。

第5步：擦除图中残留的色斑和背景，选择橡皮擦工具 ◢，在橡皮擦工具选项栏中选择一个较大的画笔笔尖，擦除"城堡"周围的道路，同时擦除"天空"中残留的色斑，如图 5-54 所示。

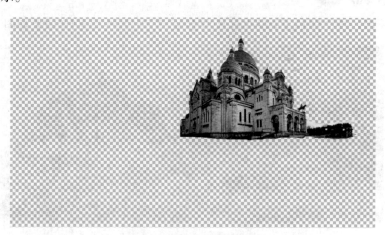

图 5-54　擦除"城堡"背景

第6步：精细擦除"城堡"边缘背景。放大图像，设置较小的画笔笔尖，精细擦除"城堡"边缘的背景，完成擦除后，设置背景图层为可见，效果如图 5-55 所示。

图 5-55　完成擦除后的图像效果

第 7 步：创建云层仿制取样点。单击仿制图章工具![图章],设置仿制图章工具选项栏如图 5-56 所示,选择"背景"图层,在背景层的"天空"图像窗口中,按住 Alt 键在图像云层密集处单击,创建仿制取样点。

图 5-56　仿制图章工具选项栏设置

第 8 步：应用仿制图章工具涂抹"城堡"边界云层。单击"图层 1"图层,使用仿制图章工具在"城堡"周边涂抹,使云朵与图像自然融合,效果如图 5-57 所示。

提示:"城堡"边界的云层分布状态不一样,为了使边界融合更自然,可以多次创建仿制取样点来涂抹临近边缘。

图 5-57　创建云朵效果

第 9 步：选择橡皮擦工具![橡皮擦],在选项栏中设置一个比较大的画笔笔尖,设置属性栏中不透明度为 20%。选择"图层 1",使用橡皮擦工具在"城堡"边界上涂抹一次,使"城堡"与背景云层的融合更自然,则"空中城堡"效果图绘制完成。

项目 6　调整图像色彩

项 目 简 介

Photoshop 应用程序中提供了强大的图像色彩调整功能，可以使图像文件更加符合用户编辑处理的需求。利用色彩平衡、曲线、色阶、亮度/对比度、阴影/高光等调整图像的不同色彩，达到满意的图像画面色彩效果。在本项目中，将通过制作夏日主题海报，来介绍 Photoshop 中图像色彩调整的方法。

知 识 培 养 目 标

- 熟练掌握 Photoshop CC 中色彩调整命令及基本操作方法。
- 熟练运用色彩平衡工具快速调整图像的色彩。

能 力 培 养 目 标

- 熟练快速地调整图像。
- 调整图像的色调。
- 调整图像的色彩。

素 质 培 养 目 标

- 提升对色彩美感的理解能力。
- 根据不同风格调整色彩的能力。
- 尊重事实，不滥用颜色。
- 了解颜色对图像的诠释。

思 政 培 养 目 标

课程思政及培养目标如表 6-1 所示。

表 6-1　课程思政及培养目标关联表

知识点及教学内容	思政元素切入	育人目标及实现方法
调整图像的色彩	通过课堂案例的讲解，指导学生模仿创作或独立创新，引导学生树立正确的审美能力，全面提升学生感受美、鉴赏美、表现美、创造美的综合能力	培养学生对色彩的学习兴趣，提升学生对色彩的认知能力和专注、创新的学习精神

知识点及教学内容	思政元素切入	育人目标及实现方法
调整图像的色调	结合所学色调的知识，掌握色彩的原理，结合文化背景，掌握色彩的内涵	通过跨学科知识的串联，提升学生学习的广度与深度，激发学生思考与研究的兴趣；学会理性分析、归纳、评价色彩的关系，掌握专业配色的使用方法

6.1 导 入 任 务

6.1.1 展示任务效果

任务 1：制作夏日主题海报

在 Photoshop CC 中使用快速调整图像命令，可以直接在图像上显示图像调整后的效果。下面学习制作夏日主题海报的过程，效果如图 6-1 所示（彩色效果参见"素材库\效果图片\项目 6\制作夏日海报效果图"）。

任务 2：制作冰蓝色调照片

通过对照片使用照片滤镜，奠定基本色调。使用色阶调整图像颜色平衡，调整亮度／对比度至预期效果，最终如图 6-2 所示（彩色效果参见"素材库\效果图片\项目 6\制作冰蓝色调照片效果图"）。

图 6-1 夏日主题海报

任务 3：制作黑白照片

通过对彩色照片色彩的分析，设置合理的颜色取值，得到具有层次感的黑白图片，最终如图 6-3 所示（彩色效果参见"素材库\效果图片\项目 6\制作黑白照片效果图"）。

图 6-2 冰蓝色调照片效果图

图 6-3 黑白照片效果图

6.1.2　提出问题与思考

（1）Photoshop CC 中图像色彩的基本操作有哪些？
（2）如何调整图像的色彩平衡？
（3）调整图像的色调有几种命令？分别是什么？
（4）调整图像的色彩有几种命令？分别是什么？

6.2　知　识　点

6.2.1　自动调整命令

在 Photoshop CC 中可以快速调整图像的效果，选择"图像"→"自动色调"或"自动对比度"或"自动颜色"命令，即可自动调整图像相关效果，如图 6-4 所示。

"自动色调"命令可以对照片的整体颜色进行快速调整，并通过参考照片的色彩值，对照片的明度、纯度和色相进行自动调整，使画面的颜色更加和谐。可以自动调整图像中的黑场和白场，将每个颜色通道中最亮和最暗的像素映射到纯白（色阶为 255）和纯黑（色阶为 0），中间像素值按比例重新分布，从而增强图像的对比度。

打开"素材库\效果图片\项目 6"文件夹中的"自动色调.jpg"，选择"图像"→"自动色调"命令或者按快捷键 Shift＋Ctrl＋L，显然照片略显青涩，对图像进行调整自动色调后，使橘子看起来更成熟一些，对比效果如图 6-5 所示。

图 6-4　选择"自动对比度"命令

图 6-5　自动色调前后对比图

"自动对比度"命令可以自动调整一幅图像亮部和暗部的对比度。它将图像中最暗的像素转换成为黑色，将最亮的像素转换为白色，从而增大图像的对比度。这会使高光看上去更亮，暗调看上去更暗。

打开"素材库\效果图片\项目 6"文件夹中的"自动对比度.jpg"文件，选择"图像"→"自动对比度"命令或者按快捷键 Alt＋Shift＋Ctrl＋L，对图像进行调整自动对比度，使花看起来更艳一些，对比效果如图 6-6 所示。

"自动颜色"命令通过搜索图像来标识阴影、中间调和高光，从而调整图像的对比度和颜色。默认情况下，"自动颜色"使用的 RGB 值为（128，128，128），也就是灰色，这一目标颜色来中和中间调，并将阴影和高光像素剪切 0.5%。用户可以在"自动颜色校正选项"对话框中更改这些默认值。

　　打开"素材库 \ 效果图片 \ 项目 6"文件夹中的"自动颜色 .jpg"文件，图像看起来颜色有些暗，选择"图像"→"自动颜色"命令或者按快捷键 Shift ＋ Ctrl ＋ B，对图像自动进行颜色调整，使衣服颜色看起来鲜艳一些，再对图像进行"自动色调"命令，增强图像的色彩，前后对比效果如图 6-7 所示。

图 6-6　自动对比度前后对比图　　　　**图 6-7　自动颜色前后对比图**

6.2.2　亮度 / 对比度

　　亮度表示图像的明暗程度。而对比度表示的则是图像中明暗区域最亮的白和最暗的黑之间不同亮度层级的差异范围，范围越大对比越大，范围越小则对比越小。"亮度 / 对比度"命令是一个简单直接的调整命令，使用该命令可以增亮或变暗图像中的色调。选择"图像"→"调整"→"亮度 / 对比度"命令，在打开的对话框中将"高度"滑块向右拖动会增加色调值并扩展图像高光，而将"亮度"滑块向左拖动会减少色调值并扩展阴影。"对比度"滑块左右移动则扩展图像中色调值的总体范围，设置方法如图 6-8 所示。

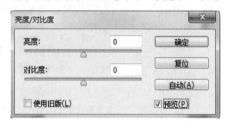

图 6-8　设置亮度 / 对比度

　　打开"素材库 \ 效果图片 \ 项目 6"文件夹中的"亮度、对比度 .jpg"文件，选择"图像"→"调整"→"亮度 / 对比度"命令，对图像进行调整，图层 1 的亮度为 62、对比度为 20，调整前后对比图如图 6-9 所示。

图 6-9　调整亮度 / 对比度前后对比图

6.2.3 色阶

色阶是表示图像亮度强弱的指数标准，表达了一幅图的明暗关系。使用"色阶"命令可以调整图像的阴影、中间调、高光的强度级别，它决定了图像的色彩丰满度和精细度，从而可以校正图像的色调范围和色彩平衡。"色阶"直方图用于调整图像基本色调的直观参考，选择"图像"→"调整"→"色阶"命令，或按快捷键 Ctrl＋L，打开如图 6-10 所示的"色阶"对话框。

"预设"下拉列表中有 8 个预设效果，选择任意选项，即可将当前图像调整为预设效果，如图 6-11 所示。

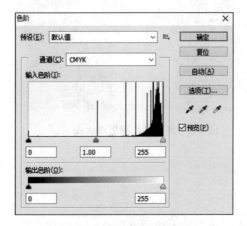

图 6-10 "色阶"对话框

图 6-11 色阶预设值

"通道"下拉列表中包含当前打开的图像文件所包含的颜色通道，选择任意选项，表示当前调整的通道颜色。

"输入色阶"用于调节图像的色调对比度。它由暗调、中间调及高光 3 个滑块组成。滑块往右移动图像越暗，反之则越亮。下端文本框内显示设定结果的数值，也可通过改变文本框内的值对"色阶"进行调整。

"输出色阶"可以调节图像的明度，使图像整体变亮或变暗。左边的黑色滑块用于调节深色系的色调，右边的白色滑块用于调节浅色系的色调。将左侧滑块向右侧拖动，明度升高；将右侧滑块向左侧拖动，明度降低。

"吸管工具组"![吸管]中包含在图像中取样以设置黑场、在图像中取样以设置灰场、在图像中取样以设置白场 3 个按钮。在图像中取样以设置黑场按钮的功能是选定图像的某一色调。在图像中取样以设置灰场按钮的功能是将比选定色调暗的颜色全部处理为黑色。在图像中取样以设置白场按钮的功能是将比选定色调亮的颜色全部处理为白色，并将与选定色调相同的颜色处理为中间色。

提示：在调整过程中，如果对调整的结果不满意，可以按住 Alt 键，此时，对话框中的"取消"按钮会变成"复位"按钮，单击"复位"按钮可以将图像还原到初始状态。

打开"素材库\效果图片\项目 6"文件夹中的"草莓.jpg"文件，调整案例中草莓图的色阶，输入色阶值（25，0.87，254），输出色阶值为 0~255，使草莓看起来更红润，对比效果如图 6-12 所示。

图 6-12　调整色阶值前后对比图

打开"素材库 \ 效果图片 \ 项目 6"文件夹中的"利用色阶命令去除水印 .jpg"文件，也可以将带水印的图片直接拖到 Photoshop CC 软件中打开，如果是其他文档带水印则需要将文档先转换为图片，然后在 Photoshop CC 软件中打开。打开图像如图 6-13 所示。

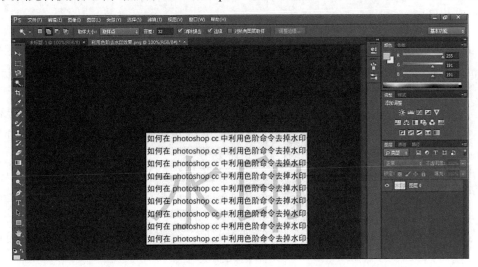

图 6-13　打开水印图像

首先，对图层 0 进行复制，生成图层 0 副本，在此基础上进行操作，不会对原图有所损坏。

其次，因为水印是红色的，先选择"图像"→"调整"→"去色"命令或者按快捷键 Shift＋Ctrl＋U，这时水印的颜色已经去掉。调整效果如图 6-14 所示。

最后，选择"图像"→"调整"→"色阶"命令或者按快捷键 Ctrl＋L 调出"色阶"对话框，选择在图像中取样以设置白场吸管单击有水印区域，如图 6-15 所示。如果水印未完全消除，可连续多次单击水印，直到水印被去掉为止，然后单击"确定"按钮，效果完成。

如何在 Photoshop cc 中利用色阶命令去掉水印
如何在 Photoshop cc 中利用色阶命令去掉水印
如何在 Photoshop cc 中利用色阶命令去掉水印
如何在 Photoshop cc 中利用色阶命令去掉水印
如何在 Photoshop cc 中利用色阶命令去掉水印
如何在 Photoshop cc 中利用色阶命令去掉水印
如何在 Photoshop cc 中利用色阶命令去掉水印
如何在 Photoshop cc 中利用色阶命令去掉水印
如何在 Photoshop cc 中利用色阶命令去掉水印

图 6-14　去色效果

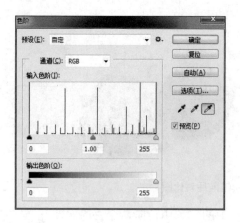

如何在 Photoshop CC 中利用色阶命令去掉水印
如何在 Photoshop CC 中利用色阶命令去掉水印
如何在 Photoshop CC 中利用色阶命令去掉水印
如何在 Photoshop CC 中利用色阶命令去掉水印
如何在 Photoshop CC 中利用色阶命令去掉水印
如何在 Photoshop CC 中利用色阶命令去掉水印
如何在 Photoshop CC 中利用色阶命令去掉水印
如何在 Photoshop CC 中利用色阶命令去掉水印
如何在 Photoshop CC 中利用色阶命令去掉水印

图 6-15　消除水印

6.2.4　曲线

"曲线"命令的功能是可以通过调整图像色彩曲线上的任意一个控制点来改变图像的色彩范围。打开一幅图像，选择"图像"→"调整"→"曲线"命令或按快捷键 Ctrl+M，弹出"曲线"对话框，如图 6-16 所示。在图像中单击并按住鼠标左键不放，"曲线"对话框中的调解曲线上显示出一个小圆圈形状的控制点，它表示图像中单击处的输入色阶和输出色阶数值。

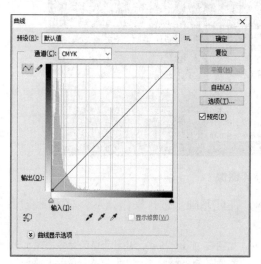

图 6-16　"曲线"对话框

预设：在"预设"下拉列表中，可以选择 Photoshop CC 提供的预先设置好的曲线。有彩色负片、反冲、较暗、增加对比度、较亮、线性对比度、负片、强对比度等，同时也可以自定义预设。

通道：用于选择调整图像的颜色通道，分为 RGB、红、绿、蓝四个通道。默认为 RGB 通道，即调节整个图像的色彩。

图表中的 x 轴为色彩的输入色阶，y 轴为色彩的输出色阶。曲线代表了输入色阶和输出色阶之间的关系。x 轴从左向右为白场到黑场的渐变。y 轴从上到下是由白场到黑场的渐变。

编辑点以修改曲线：在默认状态下使用此工具，在图表曲线上单击，可以增加控制点，拖曳控制点可以改变曲线的形状，拖曳控制点到图表外可以删除控制点。将控制点向上拖动调整曲线可以增加图像的亮度，向下拖动则会使图像变暗。

通过绘制来修改曲线：可以在图表中绘制出任意曲线，单击右侧的"平滑"按钮可使曲线变得光滑。按住 Shift 键的同时使用此工具，可以绘制出直线。

"输入"和"输出"选项的数值显示的是图表中鼠标指针所在位置的色阶值。在没有调整时，所有像素拥有相同的输入和输出数值。

"自动"按钮可用于自动调整图像的亮度。

打开"素材库 \ 效果图片 \ 项目 6"文件夹中的"小女孩 .jpg"文件,设置不同的曲线,图像效果如图 6-17 所示。

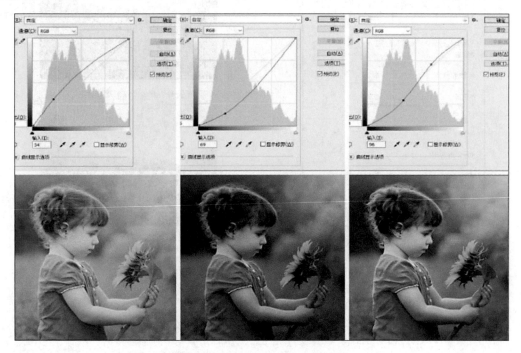

图 6-17　设置不同曲线后的效果图

6.2.5　阴影 / 高光

"阴影 / 高光"命令的功能是可以对图像的阴影和高光部分进行调整。此命令不是简单地使图像变亮或变暗,它基于阴影或高光中的周围像素增亮或变暗。选择"图像"→"调整"→"阴影 / 高光"命令,即可打开"阴影 / 高光"对话框进行设置。

对图像选择"图像"→"调整"→"阴影 / 高光"命令,勾选"显示更多选项"复选框,如图 6-18 所示。

打开"素材库 \ 效果图片 \ 项目 6"文件夹中的"阴影、高光 .jpg"文件,调整阴影数量为 35%、高光数量为 10%,使图像看起来亮了许多,调整后的对比如图 6-19 所示。

6.2.6　色相 / 饱和度

利用 Photoshop 可以调整图像色彩,如提高图像的色彩饱和度、更改色相、制作黑白图或对部分颜色进行调整等,以完善图像颜色,丰富图像画面效果。

"色相 / 饱和度"命令主要用于改变图像像素的色相、饱和度和明度,而且可以通过给像素定义新的色相和饱和度,实现给灰度图像上色的功能,也可以创作单色调效果。

图 6-18 "阴影 / 高光"对话框

图 6-19 调整阴影 / 高光前后对比图

选择"图像"→"调整"→"色相 / 饱和度"命令，或按快捷键 Ctrl＋U，可以打开如图 6-20 所示的"色相 / 饱和度"对话框进行参数设置。

由于位图和灰度模式的图像不能使用"色相 / 饱和度"命令，所以使用前必须先将其转换为 RGB 模式或其他的颜色模式。

在"色相 / 饱和度"对话框中，还可对图像进行着色操作。在该对话框中，选中"着色"复选框，通过拖动"饱和度"和"色相"滑块来改变其颜色即可。

图 6-20 "色相 / 饱和度"对话框

按快捷键 Ctrl＋U 打开"色相 / 饱和度"对话框，在该对话框中设置全图色相值为 ＋16、饱和度值为 ＋1、明度值为 −16；打开绿色通道，设置色相值为 ＋35、饱和度值为 ＋23、明度值为 0，如图 6-21 所示。打开"素材库 \ 效果图片 \ 项目 6"文件夹中的"色相、饱和度 .jpg"文件，设置后的前后对比如图 6-22 所示。

图 6-21 调整色相 / 饱和度

图 6-22 调整色相 / 饱和度前后对比图

6.2.7 色彩平衡

使用"色彩平衡"命令可以调整彩色图像颜色的组成。"色彩平衡"命令一般用于调整偏色的图片，或者用于处理故意突出某种色调范围的图像。

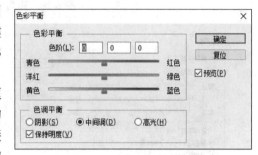

要调整图像的色彩平衡，可选择"图像"→"调整"→"色彩平衡"命令或按快捷键Ctrl＋B，打开"色彩平衡"对话框，如图6-23所示。

在"色彩平衡"对话框中，"色阶"数值框中可以调整 RGB 到 CMYK 色彩模式间对应的色彩变化，取值范围为−100~100。也可以直接拖动数值框下方的颜色滑块进行图像中颜色的增加或减少。

图 6-23 "色彩平衡"对话框

在"色彩平衡"对话框中，"色彩平衡"选项组中可在阴影、中间调、高光三种色调范围内进行调整。此项为单选按钮，选中即可调整对应的色调颜色，默认选中中间调。

在"色彩平衡"对话框中，勾选"保持明度"复选框可以在调整色彩时保持图像原有明度不变，默认为勾选状态。

打开"素材库 \ 效果图片 \ 项目 6"文件夹中的"色彩平衡 .jpg"文件，按快捷键Ctrl＋B打开"色彩平衡"对话框,在"色彩平衡"对话框中选择"色调平衡"为"中间调"，勾选"保持明度"和"预览"复选框，设置色阶值为（−100，0，0）或者用鼠标拖动滑块到青色，设置如图6-24所示。保持色调平衡为中间调，设置色阶值为（＋100，0，0）或

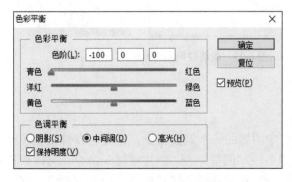

图 6-24 设置色阶（−100，0，0）

者拖动滑块至红色端，效果如图 6-25 所示。通过调整不同的色阶值，观察色彩平衡对图像的影响。分别设置色调平衡中阴影、中间调及高光的值，调整图像的色彩平衡，达到满意的效果，如图 6-26 和图 6-27 所示。

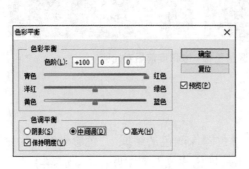

图 6-25　设置色阶（＋100，0，0）

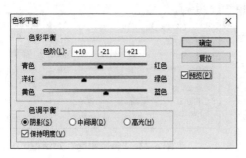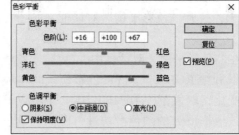

图 6-26　设置不同色调

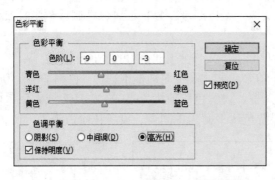

图 6-27　最终效果图

6.2.8　照片滤镜

"照片滤镜" 是 Photoshop CC 中内置的一个调整命令，它既可以修正偏色照片，也可以为黑白图像上色等。选择 "图像"→"调整"→"照片滤镜" 命令，可以模拟彩色校正滤镜拍摄照片的效果。该命令允许用户选择预设的颜色或者自定义的颜色，向图像应用色相调整，"照片滤镜"对话框如图 6-28 所示。

滤镜：里面自带有各种颜色滤镜。分为加温滤镜、冷却滤镜等，加温滤镜为暖色调，以橙色为主；冷却滤镜为冷色调，以蓝色为主。

颜色：如果不使用上面内置的"滤镜"效果，也可以自行设置想要的颜色。

浓度：控制需要增加颜色的浓淡。数值越大，颜色浓度越强。

是否勾选"保留明度"选项，就是是否保持高光部分，勾选后有利于保持图片的层次感。

通过照片滤镜优化夕阳日落时的情景。选择"图像"→"调整"→"照片滤镜"命令，在"照片滤镜"对话框中选择使用"滤镜"→"加温滤镜（85）"，"浓度"调整为 100%，打开"素材库\效果图片\项目 6"文件夹中的"夕阳日落.jpg"文件，勾选"保持明度"复选框，单击"确定"按钮，打造夕阳日落效果，如图 6-29 所示。

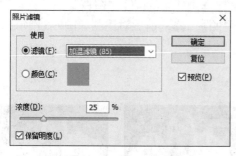

图 6-28　"照片滤镜"对话框

图 6-29　打造夕阳日落效果

6.2.9　通道混合器

"通道混合器"命令可以使用图像中现有（源）颜色通道的混合来修改目标（输出）颜色通道，从而控制单个通道的颜色量。该命令可以调整某一个通道中的颜色成分。利用该命令可以创建高品质的灰度图像，或者其他色调图像，也可以对图像进行创造性的颜色调整。选择"图像"→"调整"→"通道混合器"命令，可以打开如图 6-30 所示的"通道混合器"对话框。

输出通道：可以选择要在其中混合一个或多个现有的通道。

"源通道"选项组：用来设置输出通道中源通道所占的百分比。将一个源通道的滑块向左拖动时，可减小该通道在输出通道中所占的百分比；向右拖动时，则增加百分比。

总计：该选项显示了源通道的总计值。如果合并的通道值高于 100%，则 Photoshop 会在总计显示警告图标。

常数：用于调整输出通道的灰度值，如果

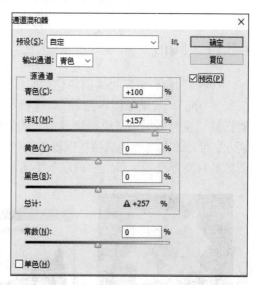

图 6-30　"通道混和器"对话框

图 6-31　修复前后对比图

设置的是负数值，则会增加更多的黑色；如果设置的是正数值，则会增加更多的白色。

单色：选中该复选框，可将彩色的图像变为无色彩的灰度图像。

打开"素材库\效果图片\项目 6"文件夹中的"偏色照片 .jpg"文件，画面中人物图像偏色严重，现通过通道混合器来调整色彩，修复偏色图像。选择"图像"→"调整"→"通道混合器"命令，在"通道混合器"对话框中选择输出通道"红"，在源通道中输入红色为 +81%，或拖动滑块至 81，再次选择输出通道"绿"，调整源通道中绿色至 +90%，单击"确定"按钮，此时图像偏暗，再次选择"图像"→"自动色调"。"图像"→"自动对比度"。"图像"→"自动颜色"命令，成功修复偏色照片，修复前后对比图如图 6-31 所示。

6.2.10　去色

"去色"命令能够去除图像中的颜色。选择"图像"→"调整"→"去色"命令，或者按快捷键 Shift+Ctrl+U，可以去掉图像中的颜色，使图像变为灰度图，但图像的色彩模式并不改变。通过去色命令，可以对图像选区中的图像进行去除图像颜色的处理。

图 6-32　图像去色效果对比图

打开"素材库\效果图片\项目 6"文件夹中的"去色 .jpg"文件，选择"图像"→"调整"→"去色"命令，制作图像黑白照片效果，图像去色效果对比图如图 6-32 所示。

6.2.11　阈值

"阈值"命令可以提高图像色调的反差度。原始图像（参见"素材库\效果图片\项目 6\阈值 .jpg"）效果如图 6-33 所示，选择"图像"→"调整"→"阈值"命令，弹出"阈值"对话框。在对话框中拖曳滑块或在"阈值色阶"选项的数值框中输入数值 190，如图 6-34 所示，可以改变图像的阈值。图像中大于阈值的像素变为白色，小于阈值的像素变为黑色，图像具有高度反差，单击"确定"按钮，图像效果如图 6-35 所示。

图 6-33　原始图像效果　　**图 6-34　"阈值"对话框**　　**图 6-35　设置阈值后的效果图**

6.2.12　渐变映射

渐变映射是作用于其下图层的一种调整控制，它可将不同亮度映射到不同的颜色上去。使用渐变映射工具可以应用渐变重新调整图像，应用于原始图像的灰度细节，加入所选的颜色。

"渐变映射"命令用于将相等的图像灰度范围映射到指定的渐变填充色中，如果指定是双色渐变填充，图像中的阴影会映射到渐变填充的一个端点颜色，高光则映射到另一个端点颜色，而中间调则映射到两个端点颜色之间的渐变。

单击"调整"面板中的"渐变映射"图标或者选择"图像"→"调整"→"渐变映射"命令，打开"渐变映射"对话框，如图 6-36 所示。

仿色：在映射时将添加随机杂色，平滑渐变填充的外观并减少带宽效果。

反向：将相等的图像灰度范围映射到渐变色的反向。

图 6-36　"渐变映射"对话框

提示：渐变映射会改变图像色调的对比度，为避免这种情况，可以创建"渐变映射"调整图层后，将混合模式设置为"颜色"，这样只改变图像的颜色，不会影响图像的亮度。

打开"素材库\效果图片\项目 6"文件夹中的"渐变映射 .jpg"文件，选择"图像"→"调整"→"渐变映射"命令，打开"渐变映射"对话框，在该对话框中单击"紫、橙渐变"，制作图像渐变效果，调整渐变映射前后对比图如图 6-37 所示。

图 6-37　调整渐变映射前后对比图

6.3　任务实施步骤

6.3.1　任务 1 实施

设 计 目 的

能够调整背景图亮度 / 对比度，使用图层遮罩蒙版，显示字体的图片填充效果，调整图像色调、大小与位置。

实 施 步 骤

第 1 步：按快捷键 Ctrl＋O 或选择"文件"→"置入"命令，打开本书素材中的"素材库\素材图片\项目6\画框素材.jpg"文件，按快捷键Ctrl+J进行复制图层，生成"图层1拷贝"图层。

第2步：调整"图层1拷贝"图层的色调，选择"图像"→"调整"→"亮度/对比度"命令，设置亮度值为-20，对比度为10。

第3步：选择文字工具，字体为华文彩云、字号48点、颜色为黑色，输入文字：你好夏天，分两行显示，调整字符行距为50点，并将图层重命名为：文字，设置效果如图6-38所示。

图6-38 输入文字效果图

第4步：按快捷键Ctrl+O或选择"文件"→"置入"命令，打开"素材库\效果图片\项目6"文件夹中的"素材.psd"文件，拖动"草莓"层到夏日主题海报文件中，按住Ctrl+T组合键调整图像大小，并放在"文字"图层上方，选择"图像"→"调整"→"曝光度"命令，使草莓看起来更鲜艳一些。右击，在弹出的快捷菜单中，选择"创建剪贴蒙版"命令，调整图像在合适位置，创建文字蒙版效果。设置效果如图6-39所示。

第5步：选择文字工具，字体为Blackadder ITC，字号30点，输入"hello, summer"，颜色为浅红色，RGB值为（237，121，136），添加下画线，如图6-40所示。

图6-39 创建剪贴蒙版

图6-40 夏日主题海报效果图

第6步：拖入"柠檬水"图层和"樱桃"图层至"夏日主题海报.jpg"文件中，按快捷键Ctrl+T调整其大小，放置在合适位置，选择"文件"→"存储"命令，保存文件，夏日主题海报制作完成。

6.3.2 任务2实施

 设 计 目 的

学习使用照片滤镜、色阶命令调整图像的颜色。

实 施 步 骤

第 1 步：选择"文件"→"打开"命令或按快捷键 Ctrl＋O，打开"素材库 \ 效果图片 \ 项目 6"文件夹中的"制作冰蓝色调照片 .jpg"文件。

第 2 步：在背景图层上右击，在弹出的快捷菜单中选择"复制图层"命令，或者将背景图层拖曳到图层控制面板的"创建新图层"按钮上，或者按快捷键 Ctrl＋J 复制图层，生成新的图层"背景 拷贝"，如图 6-41 所示。

图 6-41　复制图层

选择"图像"→"调整"→"照片滤镜"命令，打开"照片滤镜"对话框。在该对话框中的"滤镜"下拉列表中选择"深蓝"选项，RGB 值为（0，90，255），设置"浓度"为 45%，然后单击"确定"按钮应用设置，如图 6-42 所示。

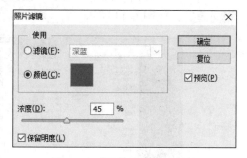

图 6-42　"照片滤镜"对话框

第 3 步：选择"图像"→"调整"→"色阶"命令或按快捷键 Ctrl＋L，打开"色阶"对话框，调整色阶通道为 RGB，输入色阶值为（12，0.88，255），输出色阶值为（0，248）；调整色阶通道为红，输入色阶值为（16，1.12，255），输出色阶值为（0，245）；调整色阶通道为蓝，输入色阶值为（0，1.11，255），输出色阶值为（29，255），设置界面如图 6-43 所示，单击"确定"按钮。

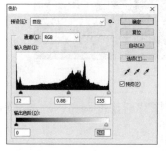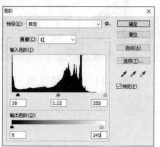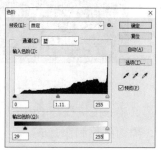

图 6-43　调整图像色阶

第4步：选择"图像"→"调整"→"亮度/对比度"命令，弹出"亮度/对比度"对话框，调整对比度数值为 -20，单击"确定"按钮，冰蓝色调照片制作完成。

6.3.3　任务 3 实施

设计目的

学习使用黑白命令调整图像。

实施步骤

第1步：选择"文件"→"打开"命令或按快捷键 Ctrl＋O，打开本书素材中的"素材库\素材图片\项目6\制作黑白照片.jpg"文件。

第2步：在"图层1"上右击，在弹出菜单中选择"复制图层"命令，或者将背景图层拖曳到图层控制面板的"创建新图层"按钮上，或者按快捷键 Ctrl＋J 复制图层，生成新的图层"图层1拷贝"。

第3步：选中"图层1拷贝"图层，选择裁剪工具，框选图像合适大小，单击提交当前裁剪操作☑按钮，对图像进行裁剪。

第4步：选择"图像"→"调整"→"黑白"命令，打开"黑白"对话框，在对话框中适当调整后单击"确定"按钮；或选择"图像"→"调整"→"去色"命令，均可达到相同效果，如图 6-44 所示。

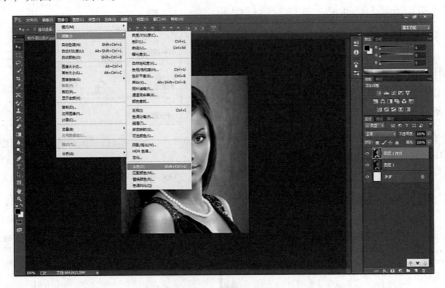

图 6-44　设置黑白值

第5步：按快捷键 Ctrl＋L，弹出"色阶"对话框，将图片对比度调高，单击"确定"按钮，黑白照片制作完成。

6.4　项 目 实 训

6.4.1　问答题

（1）调整图层的作用是什么？如何新建一个色阶调整图层？

（2）"去色"命令和"黑白"命令的原理有何不同？

（3）"阈值"命令的作用是什么？

6.4.2　实训题：给黑白照片上色

实 训 内 容

对黑白照片的人物使用"色相/饱和度"命令，给人物照片添加红色，然后框选出衣服、帽子、嘴唇区域并给其上色，框选出脸部调整亮度，即可完成的黑白照片上色效果，如图 6-45 所示。

实 训 步 骤

第 1 步：选择"文件"→"打开"命令或按快捷键 Ctrl＋O，打开本书素材中的"素材库\素材图片\项目 6\给黑白照片上色 .jpg"文件，如图 6-46 所示。

图 6-45　给黑白照片上色效果图　　　　图 6-46　打开文件

第 2 步：在图层 1 上右击，在弹出的快捷菜单中选择"复制图层"命令，或者将背景图层拖曳到图层控制面板的"创建新图层"按钮上，或者按快捷键 Ctrl＋J 复制图层，生成新的图层"图层 1 拷贝"。

第 3 步：选择"图像"→"调整"→"色彩平衡"命令，或按快捷键 Ctrl＋B 打开"色彩平衡"对话框，调整设置中间调色阶为（＋67，＋11，−65），如图 6-47 所示，单击"确定"按钮，效果如图 6-48 所示。

第 4 步：选择快速选择工具，框选衣服区域并羽化选区 2 像素，再按快捷键 Ctrl＋U 打开"色相/饱和度"命令为衣服着色，选项设置如图 6-49 所示。单击"确定"按钮，效果如图 6-50 所示。

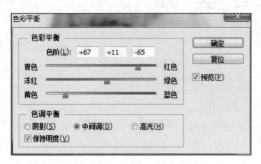

图 6-47　调整色彩平衡

图 6-48　调整后的效果

图 6-49　调整色相 / 饱和度

图 6-50　衣服填色效果

　　第 5 步：按快捷键 Ctrl＋D 取消选区，用快速选择工具选择帽子部分，羽化选区 2 像素，快捷键按 Ctrl＋B 打开"色彩平衡"对话框，调整设置中间调色阶为（＋97，＋71，−9），调整参数如图 6-51 所示，单击"确定"按钮，效果如图 6-52 所示。

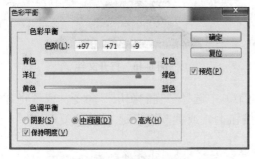

图 6-51　调整色彩平衡

图 6-52　帽子填色效果

　　第 6 步：按快捷键 Ctrl＋D 取消选区，分别用快速选择工具选择嘴唇、耳环部分，羽化选区 0.5 像素，填充红色和绿色。取消选区，保存文件，给黑白照片上色效果制作完成。

项目7 合成图像图层

项 目 简 介

在本项目中,将介绍图层混合和蒙版等图像合成的高级功能,通过合成水彩肖像等示例,深刻体会到如何灵活地对图像部分内容进行整合,得到具有特殊效果的图像。主要知识包括图像混合模式、添加删除和隐藏图层蒙版、链接图层蒙版、剪贴图层蒙版、矢量蒙版、快速蒙版。在现实绘图或设计中,往往会需要对某一块图像区域进行保护,避免后续的多项操作污染到该区域,会对这个区域添加蒙版,因此蒙版在实际图像合成中具有很重要的应用。

知 识 培 养 目 标

- 熟悉图层混合的效果。
- 掌握蒙版的基本操作方法。
- 掌握使用多种蒙版的图像合成方法与技巧。

能 力 培 养 目 标

- 熟练操作图层蒙版。
- 选择合适的图像混合模式。
- 快速合成复杂图像。

素 质 培 养 目 标

- 提升分析图像合成原理的能力。
- 激发自身的创新思维。
- 培养图像合成的审美能力。
- 加强小组协作。

思 政 培 养 目 标

课程思政及培养目标如表7-1所示。

表7-1 课程思政及培养目标关联表

知识点及教学内容	思政元素切入	育人目标及实现方法
蒙版与图像合成	在使用工具进行图像处理合成中,多与他人讨论技巧,分组合作完成处理流程优化	培养学生沟通交流能力和良好的团队合作精神

续表

知识点及教学内容	思政元素切入	育人目标及实现方法
图像混合模式	图像混合模式使用广泛，叠加使用效果千变万化，要求学生善于分析图像合成原理，需要严谨、不懈地专研效果特征才能更好地优化图像	提高分析和解决问题的能力，培养学生具有严谨求实的工作作风

7.1 导 入 任 务

7.1.1 展示任务效果

任务 1：制作合成水彩肖像

水彩画是用水调和透明颜料完成的一种绘画方法，由于色彩透明或者半透明，可以达到特殊的视觉效果。接下来一起试一试用 Photoshop 软件来绘制水彩肖像吧，效果图如图 7-1 所示（彩色效果参见"素材库\效果图片\项目 7\水彩肖像效果图"）。

任务 2：制作烟雾舞者图像

使用图像混合效果和蒙版的配合，达到舞者图像与烟雾图像合成的效果。通过绘制胶片图形选区，分割黑白区域和彩色区域，效果如图 7-2 所示（彩色效果参见"素材库\效果图片\项目 7\烟雾舞者效果图"）。

图 7-1　水彩肖像

图 7-2　烟雾舞者图像

任务 3：置换相框相片

通过蒙版遮挡相框内待替换的图像部分，再使用剪贴蒙版置换相片部分的内容，效果

图 7-3　置换相框相片

如图 7-3 所示（彩色效果参见"素材库\效果图片\项目 7\置换相框相片效果图"）。

7.1.2　提出问题与思考

（1）Photoshop 的图层混合效果有哪些，都有什么特点？

（2）蒙版的类型有几种？

（3）蒙版与橡皮擦的区别是什么？

（4）如何创建蒙版？

（5）如何编辑蒙版？

7.2　知　识　点

7.2.1　图像混合模式

图像混合模式是用于控制上下图层中图像的混合效果，在 Photoshop 图层控制面板中可查看和选择。图像混合模式，共有 27 种混合模式，按照呈现效果分为 6 大类，即组合模式、加深模式、减淡模式、对比模式、比较模式和色彩模式，如图 7-4 所示，它们都可以快速产生不同的合成效果。

1. 组合模式

1）正常模式

正常模式是系统默认的混合模式，没有进行任何的图层混合。这意味着下层图层对混合层没有影响。

2）溶解模式

溶解模式是将混合色图层的图像以散乱的点状形式叠加到下层图层的图像上，对图像的色彩不产生影响，与图像的不透明度有关。

打开"素材库\素材图片\项目 7"文件夹中的"旅行 .jpg"文件，新建图层，填充为白色，设置不透明度为 20%，正常模式的效果如图 7-5 所示，溶解模式的效果如图 7-6 所示。

2. 加深模式

1）变暗

在加深模式下，对混合的两个图层相对应区域 RGB 通道中的颜色亮度值进行比较，在混合图层中，比下层图层暗的像素保留，比下层图层亮的像素用下层图层中暗的像素替换。总的颜色灰度级降低，造成变暗的效果，效果如图 7-7 所示。

图 7-4　图像混合模式

图 7-5 原图与正常模式效果

图 7-6 原图与溶解模式效果

图 7-7 叠加原图与变暗模式效果

2）正片叠底

正片叠底是将上下两层图层像素颜色的灰度级进行乘法计算，获得灰度级更低的颜色而成为合成后的颜色。图层合成后，低灰阶的像素显现而高灰阶不显现。

3）颜色加深

颜色加深模式有点类似于正片叠底，但不同的是，它会根据叠加的像素颜色相应增加对比度，并且和白色混合没有效果，效果如图 7-8 所示。

4）线性加深

和颜色加深模式一样，线性加深模式通过降低亮度，让底色变暗以反映混合色彩，同样和白色混合没有效果。

5）深色

深色混合模式是通过计算混合色与下层图层颜色的所有通道的数值，然后选择数值较小的作为结果色。因此结果色只跟混合色或基色相同，不会产生出另外的颜色。

图 7-8 正片叠底模式与颜色加深效果

白色与基色混合色得到基色，黑色与基色混合得到黑色。深色模式中，混合色与基色的数值是固定的，上下图层颠倒位置后，混合色出来的结果色是没有变化的，如图 7-9 所示。

图 7-9 线性加深与深色模式效果

3. 减淡模式

1）变亮

变亮模式与变暗模式相反，是对混合的两个图层相对应区域 RGB 通道中的颜色亮度值进行比较，取较高的像素点为混合之后的颜色，使得总的颜色灰度的亮度升高，造成变亮的效果，效果如图 7-10 所示。

图 7-10 原图与变亮模式效果

2）滤色

滤色模式与正片叠底模式相反，将上下两层图层像素颜色的灰度级进行乘法计算，获得灰度级更高的颜色而成为合成后的颜色，图层合成后的效果简单地说是高灰阶的像素显现而低灰阶不显现，产生的图像更加明亮。

3）颜色减淡

与颜色加深刚好相反，通过降低对比度，加亮底层颜色来反映混合色彩，并且与黑色混合没有任何效果，效果如图 7-11 所示。

图 7-11　变亮、滤色与颜色减淡模式效果

4）线性减淡

类似于颜色减淡模式。但是通过增加亮度来使得底层颜色变亮，以此获得混合色彩且与黑色混合没有任何效果。

5）浅色

通过计算混合色与基色所有通道的数值总和，哪个数值大就选为结果色。因此结果色只能在混合色与基色中选择，也不会产生第三种颜色。与深色模式刚好相反，效果如图 7-12 所示。

图 7-12　线性减淡、浅色模式效果

4. 对比模式

1）叠加

叠加模式比较复杂，它是根据下层图层的色彩来决定混合色图层的像素是进行正片叠底还是进行滤色。一般来说，发生变化的都是中间色调，高色和暗色区域基本保持不变，效果如图 7-13 所示。

2）柔光

柔光模式下图像的中亮色调区域变得更亮，暗色区域变得更暗，图像反差增大类似于柔光灯的照射图像的效果。变暗还是提亮画面颜色，取决于混合层颜色信息。

3）强光

强光模式下产生的效果就好像为图像开了强烈的聚光灯一样。如果混合层颜色亮度高

图 7-13　叠加原图与叠加模式效果

于 50% 灰，则图像就会被照亮。反之，如果亮度低于 50% 灰，则图像就会变暗，效果如图 7-14 所示。

图 7-14　柔光与强光模式效果

4）亮光

亮光模式会调整对比度以加深或减淡颜色，取决于混合层图像的颜色分布。如果混合层颜色亮度高于 50% 灰，则图像将被降低对比度并且变亮；如果混合层颜色亮度低于 50% 灰，则图像会被提高对比度并且变暗。

5）线性光

线性光通过减少或增加亮度，来使颜色加深或减淡，具体取决于混合色的数值，效果如图 7-15 所示。

图 7-15　亮光、线性光模式效果

6）点光

点光模式是根据混合层颜色的数值替换相应的颜色。如果混合层颜色亮度高于 50% 灰，则比混合层颜色暗的像素将会被取代，而较之亮的像素则不发生变化。如果混合层颜色亮度低于 50% 灰，则比混合层颜色亮的像素会被取代，而较之暗的像素则不发生变化。

7）实色混合

实色混合模式下当混合色比 50% 灰色亮时，基色变亮；如果混合色比 50% 灰色暗，则会使底层图像变暗。该模式通常会使图像产生色调分离的效果减小填充不透明度时，可减弱对比强度，效果如图 7-16 所示。

图 7-16　点光、实色混合模式效果

5. 比较模式

1）差值

差值混合模式将混合色与基色的亮度进行对比，用较亮颜色的像素值减去较暗颜色的像素值，所得差值就是最后效果的像素值。

2）排除

排除混合模式与差值模式相似，但排除模式具有高对比和低饱和度的特点，比差值模式的效果要柔和、明亮，效果如图 7-17 所示。

图 7-17　差值、排除模式效果

3）减去

减去模式的作用是查看各通道的颜色信息，并从下层图层颜色中减去混合色。如果出现负数就归为零，与基色相同的颜色混合得到黑色。

4）划分

划分模式的作用是查看每个通道的颜色信息，并用下层图层颜色分割混合色。基色数

值大于或等于混合色数值，混合出的颜色为白色。下层图层颜色数值小于混合色，结果色
比基色更暗。因此结果色对比非常强，效果如图 7-18 所示。

图 7-18　减去、划分模式效果

6. 色彩模式

1）色相

色相模式下，用混合图层的色相值去替换下层图像的色相值，而饱和度与亮度不变。
决定生成颜色的参数包括下层颜色的明度与饱和度，混合层颜色的色相。

2）饱和度

用混合图层的饱和度去替换下层图像的饱和度，而色相值与亮度不变。决定生成颜色
的参数包括下层颜色的明度与色相，混合层颜色的饱和度。饱和度只控制颜色的鲜艳程度，
因此混合色只改变图片的鲜艳度，不能影响颜色，效果如图 7-19 所示。

图 7-19　色相、饱和度模式效果

3）颜色

用混合图层的色相值与饱和度替换下层图像的色相值和饱和度，而亮度保持不变。决
定生成颜色的参数包括下层颜色的明度，混合层颜色的色相与饱和度。

这种模式下混合色控制整个画面的颜色，是黑白图片上色的绝佳模式，因为这种模式
下会保留基色图片也就是黑白图片的明度。

4）明度

用当前图层的亮度值去替换下层图像的亮度值，而色相值与饱和度不变。决定生成颜
色的参数包括下层颜色的色调与饱和度，混合层颜色的明度。

与颜色模式刚好相反，因此混合色图片只能影响图片的明暗度，不能对下层图层颜色
产生影响，效果如图 7-20 所示。

图 7-20　颜色、明度模式效果

7.2.2　认识蒙版

蒙版在图像处理合成中应用非常多，不仅操作简单，而且避免了橡皮擦等工具对图像的损坏。除此之外，对蒙版使用滤镜会有不错的效果。

蒙版从原理上讲，就是在图层上蒙了一层镂空图纸，控制显示、不显示或者半透明的区域。对图像处理时，只对未蒙住的区域有作用，或者只对蒙住的区域起作用。蒙版是256色的灰度图像，以 8 位的灰度通道进行存放，一般使用绘图、编辑工具来修改。

Photoshop 的蒙版类型一共有 4 种，分别为图层蒙版、剪贴蒙版、矢量蒙版和快速蒙版。

7.2.3　添加、删除和隐藏图层蒙版

图层蒙版也称为"像素蒙版"或者"位图蒙版"，是最重要、最常用的一类蒙版。图层蒙版中，不同灰度值代表不同透明度。黑色代表完全不透明，即遮盖区域；白色代表完全透明，即可见区域；灰色为半透明效果。

1. 添加和修改图层蒙版

打开"素材库\素材图片\项目 7"文件夹中的"平原.jpg"文件，单击图层控制面板下方的添加图层蒙版按钮，会在图像缩略图后面看到链接一个白色蒙版，此时对图像不做遮挡，如图 7-21 所示。使用选框工具，选择蒙版制作选区并填充为黑色，选区部分即被遮挡，显示对应的下层图像，如图 7-22 所示。

图 7-21　添加图层蒙版

图 7-22　修改图层蒙版

2. 删除和停用图层蒙版

删除图层蒙版的方法很多，在选定蒙版的情况下，可以在控制面板中的图形面板或者属性面板右下角，单击删除按钮 。也可以右击蒙版，在下拉菜单中选择删除图层蒙版。

停用图层蒙版指的是关闭图层蒙版效果，但保留蒙版内容，在需要时可右击选择启用图层蒙版，如图 7-23 所示。

图 7-23　停用、启动图层蒙版

3. 隐藏图层蒙版

当需要隐藏图层内容，只显示蒙版内容时，可以按住 Alt 键，同时单击蒙版缩略图，如图 7-24 所示。按住 Alt 键，再单击蒙版缩略图一次，恢复隐藏内容。

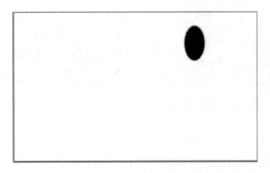

图 7-24　隐藏图层蒙版内容

按住快捷键 Alt＋Shift，同时单击蒙版缩略图，可显示图像和蒙版内容，如图 7-25 所示。

7.2.4 链接和复制图层蒙版

图层图像和蒙版是通过链接图标 ⬚ 捆绑在一起的，当移动图像时，会同步移动蒙版，单击链接图标可以取消捆绑，实现两者的独立操作。

当不同图层需要使用同一个蒙版时，可以通过复制蒙版的方式快速实现。按住 Alt 键，同时拖动蒙版缩略图到目标图层，可以对该图层应用相同蒙版，如图 7-26 所示。

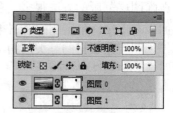

图 7-25　显示图像和蒙版内容　　　　　　图 7-26　复制图层蒙版

7.2.5 剪贴蒙版

剪贴蒙版是通过下方图层的形状来限制上方图层的显示，达到一种剪贴画的效果。剪贴蒙版至少需要两个图层才能实现，下面的图层称为基底层，位于其上的图层叫作剪贴层，基底层只能有一个，剪贴层可以有若干个。剪贴蒙版可以实现一对一或一对多的屏蔽效果。

在图 7-22 图层蒙版基础上，新建图层，使用渐变工具填充颜色后，按住 Alt 键，光标移动到图层之间，光标形状变为向下箭头＋白色方块 ⬚，单击，即可生成剪贴蒙版。使用同样方法再单击一次可取消剪贴蒙版。也可以选择渐变图层后，按快捷键 Ctrl＋Alt＋G，生成剪贴蒙版，如图 7-27 所示。

图 7-27　剪贴蒙版

7.2.6 矢量蒙版

矢量蒙版是图层蒙版的另一种类型，但两者可以共存，矢量蒙版以矢量图像的形式屏蔽图像。

在蒙版属性面板中单击矢量蒙版按钮，即可生成矢量蒙版，如图 7-28 所示。

图 7-28　矢量蒙版

7.2.7　快速蒙版

快速蒙版可以将任何选区转换为蒙版进行自由编辑，修改方便且快速。快速蒙版的作用主要包含抠图、保护图层局部不被整体滤镜影响以及应用于图层之间的合并效果。

打开"素材库 \ 素材图片 \ 项目 7\ 平原 .jpg"文件，选择矩形选框工具，绘制需要保留图像内容的矩形选区，再单击工具栏中的以快速蒙版模式编辑按钮，进入快速蒙版。接下来选择画笔工具，设置前景色为白色，在其他需要保留的位置上涂抹，如图 7-29 所示。再单击一次工具栏的以标准模式编辑按钮，得到最终选区效果，单击控制面板的添加图层蒙版按钮，即可得到自由设定的蒙版结果，如图 7-30 所示。

图 7-29　进入快速蒙版

图 7-30　编辑快速蒙版

7.3 任务实施步骤

7.3.1 任务1实施

设 计 目 的

掌握将图像转为黑白图像的基本操作，懂得增加明暗对比，将不同的水彩素材叠加到人物暗部区域。

实 施 步 骤

第1步：选择"文件"→"打开"命令，打开"素材库\素材图片\项目7\回眸.jpg"文件，将图层拖动到控制面板上创建新图层按钮，新建背景拷贝图层。

第2步：选定背景复制图层，选择"图像"→"调整"→"去色"命令，将图像变为黑白图，如图7-31所示。

图 7-31　图像去色

第3步：选择"图像"→"调整"→"曲线"命令，打开曲线对话框，拖动曲线上的点达到增加图像对比度的效果，如图7-32所示。

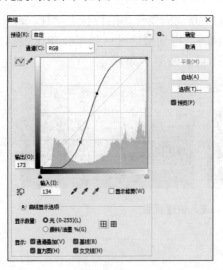

图 7-32　图像曲线调整

第4步：将背景拷贝图层拖动到控制面板上创建新图层按钮，新建背景拷贝图层2。选择"图像"→"调整"→"阈值"命令，打开"阈值"对话框，调整阈值大小至图像效果如图7-33所示。

第 5 步：设置背景拷贝 2 图层混合模式为正片叠底。将背景拷贝图层和背景拷贝 2 图层合并图层，重命名为"黑白肖像"，如图 7-34 所示。

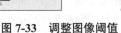

图 7-33　调整图像阈值　　　　　　　　　　　　　　图 7-34　黑白肖像

第 6 步：选择"文件"→"置入"命令，打开"素材库\素材图片\项目 7\色彩 1.jpg"文件，调整大小完全覆盖黑白肖像图层，单击属性栏打钩按钮。

第 7 步：关闭"回眸"图层的小眼睛，隐藏图层。选择黑白肖像图层，按快捷键 Ctrl＋Alt＋2 选取高光，得到高光部分的选区，如图 7-35 所示。

第 8 步：保持选区的情况下，选择"回眸"图层，打开图层小眼睛，单击控制面板下的添加图层蒙版按钮，再按快捷键 Ctrl＋I 将蒙版反相，如图 7-36 所示。

第 9 步：导入"素材库\素材图片\项目 7\色彩 2.jpg"文件，同样调整大小至完全覆盖画布，单击"回眸"图层的蒙版，按住 Alt 键，拖动到"色彩 1"图层，成功复制蒙版，如图 7-37 所示。

图 7-35　肖像选区　　　　　　　　　　　　　　图 7-36　彩色肖像 1

第 10 步：设置"色彩 1"图层的混合模式为变暗，置入"素材库\素材图片\项目 7\签名 .png"素材，调整旋转角度，如图 7-38 所示。

图 7-37　彩色肖像 2　　　　　　　　　　图 7-38　彩色肖像变暗混合模式

第 11 步：复制"色彩 1"图层，按快捷键 Ctrl＋T 调出图像变换框，右击图像，在弹出的快捷菜单中选择"水平翻转"选项，并调整图像大小至画布左下角。

第 12 步：右击"色彩 1"拷贝图层，选择栅格化图层。选择画笔工具，设置前景色为白色，涂抹"色彩 1"拷贝图层边缘，消除多余边框，如图 7-39 所示。

图 7-39　人物调整

7.3.2　任务 2 实施

设 计 目 的

根据图像特点进行颜色调整、图层混合以及透明度设置，学会使用蒙版的工具在不破坏图像的基础上作图像处理。掌握画笔工具在蒙版中的使用效果。

实 施 步 骤

第 1 步：按快捷键 Ctrl＋O，打开"素材库 \ 素材图片 \ 项目 7\ 舞蹈 .jpg"文件，复制图层，按快捷键 Ctrl＋Shift＋U，对图像进行去色处理，如图 7-40 所示。

图 7-40　对舞者图像去色

第 2 步：置入"素材库 \ 素材图片 \ 项目 7\ 彩色烟雾 .jpg"文件，调整图像大小，使得纵向充满画布。同样复制图层，右击栅格化图层，按快捷键 Ctrl＋Shift＋U，对图像进行去色处理，如图 7-41 所示。

图 7-41　对烟雾图像去色

第 3 步：将"彩色烟雾"图层移动至背景拷贝图层下方，设置"烟雾"拷贝图层的图层混合模式为滤色。

第 4 步：单击添加图层蒙版，选择画笔工具，设置属性栏画笔样式为柔边缘、200 像素大小、不透明度 50%、流量 80%，前景色设置为黑色，在蒙版上涂抹人物四肢，去除烟雾部分，如图 7-42 所示。

图 7-42　烟雾与舞者混合效果

第5步：新建图层，选择渐变工具，设置深蓝色渐变为浅蓝色，属性栏如图7-43所示。

图7-43　渐变工具属性栏设置

第6步：在透明图层上，单击舞者往图像右上角拖动，设置不透明度为20%，如图7-44所示。

图7-44　添加径向渐变效果

第7步：选择自定义形状工具，属性栏中设置路径模式，在形状选择下拉菜单中，单击图标 ✿，选择"胶片"选项，在弹出的对话框中，单击"追加"按钮，然后在预览框中设置为胶片形状，如图7-45所示。

图7-45　胶片形状设置

第8步：在适当位置绘制形状使得人物位于胶片中心，可使用路径选择工具，调整图像路径位置。

第9步：按快捷键Ctrl＋Enter，将路径生成选区，如图7-46所示。

第10步：选择图层1，单击添加图层蒙版，后按快捷键Ctrl＋I，将蒙版反相，如图7-47所示。

第11步：右击胶片蒙版，在弹出的快捷菜单中，选择"添加蒙版到选区"选项，按快捷键Shift＋Ctrl＋I，重新生成选区，选择02拷贝图层，按Delete键，制造烟雾在胶片下面的感觉，按快捷键Ctrl＋D取消选区。

第12步：按住Alt键，拖动胶片蒙版，复制到背景拷贝图层，如图7-48所示。

图 7-46　生成胶片形状选区

图 7-47　渐变层蒙版效果

图 7-48　背景层蒙版效果

　　第 13 步：选择多边形套索工具，选出胶片边缘，按快捷键 Shift＋Ctrl＋I，选区反向，如图 7-49 所示。

　　第 14 步：分别选择"彩色烟雾"拷贝图层、背景拷贝图层，按 Delete 键，然后取消选区，如图 7-50 所示。

图 7-49　制作胶片边缘选区

图 7-50　删除胶片外围图像

　　第 15 步：选择"彩色烟雾"图层，设置为滤色图层混合模式，添加文字"舞动记忆"，如图 7-51 所示。

图 7-51　最终效果调整

7.3.3　任务 3 实施

设 计 目 的

　　熟悉剪贴蒙版的使用方法,并快速用剪贴蒙版来合成图像。熟悉多种蒙版的混合使用。学会使用简单的图层样式增加图像立体感。

实 施 步 骤

　　第 1 步:按快捷键 Ctrl＋O,打开"素材库\素材图片\项目 7\相框 .jpg"文件,并复制图层,关闭背景图层的小眼睛。

　　第 2 步:选择磁性套索工具,将相框中的黑色区域选定为选区。单击添加图层蒙版,如图 7-52 所示。

图 7-52　添加相框图层蒙版

　　第 3 步:置入"素材库\素材图片\项目 7\摆台 .png"文件,调整图像覆盖黑色区域。

　　第 4 步:按住 Alt 键,鼠标移动至"摆台"图层和背景拷贝图层,鼠标变为向下箭头＋白色方块┏□后单击,打开背景图层的小眼睛,如图 7-53 所示。

图 7-53　制作相框剪贴蒙版

　　第 5 步:选择椭圆选框工具,按住 Shitf 键,在相框右上角画一个正圆。

　　第 6 步:单击图层控制面板上的添加图层样式按钮 **fx**,在下拉菜单中选择投影,弹出"图层样式"对话框设置如图 7-54 所示,效果如图 7-55 所示。

　　第 7 步:复制椭圆 1 图层,生成拷贝图层,按快捷键 Ctrl＋T,调出图像变换框,按住快捷键 Shift＋Alt,拖动鼠标,使得椭圆固定圆心缩小。

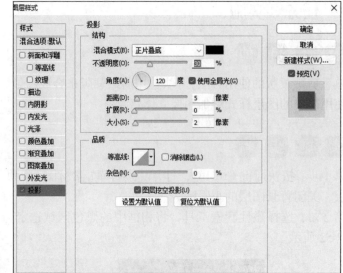

图 7-54　投影设置

图 7-55　绘制椭圆及投影效果

第 8 步：使用黑色填充椭圆 1 拷贝图层的小圆，如图 7-56 所示。

第 9 步：置入"素材库 \ 素材图片 \ 项目 7\ 花朵 .jpg"文件，并调整位置和大小，使得图像覆盖住黑色圆形区域。

第 10 步：同第 4 步操作，生成圆形剪贴蒙版，如图 7-57 所示。

图 7-56　复制椭圆并填充　　　　　　图 7-57　重复添加圆形剪贴蒙版

第 11 步：在相框下方添加文字并设置颜色大小，完成后，使用变换框调整文字旋转角度，如图 7-58 所示。

图 7-58　文字添加效果

7.4　项　目　实　训

7.4.1　问答题

（1）图层混合模式有哪些？
（2）创建图层蒙版的方法有哪些？

7.4.2　实训题：合成卡通版画

实训内容

通过灵活使用矩形选框工具和椭圆选框工具，绘制含有蓝天、白云、绿树、黄日、红土等元素的清新图片。要求不同的图像元素，单独设定为一个图层，并命名图层，效果如图 7-59 所示。

实训步骤

第 1 步：按快捷键 Ctrl＋N，新建一个长为 1200 像素，宽为 1000 像素、分辨为 300 像素 / 英寸的白色背景图。

第 2 步：双击背景图层，新建图层为"背景颜色 1"图层，使用浅蓝色填充图层。

第 3 步：新建图层，重命名为"背景颜色 2"。

第 4 步：单击控制面板下方的添加图层蒙版按钮，在蒙版中使用矩形选框工具，框选右侧半边的图像区域，如图 7-60 所示。

第 5 步：置入"素材库 \ 素材图片 \ 项目 7\ 哪吒 .jpg"文件，并调整图像大小并位于中心位置。

图 7-59　卡通版画效果

图 7-60　背景颜色设置

第 6 步：选择"选择"→"色彩范围"命令，在对话框中设置容差为 50，并用拾色器拾取图像白色区域，如图 7-61 所示。

图 7-61　色彩范围获取选区

第 7 步：右击选区，在下拉菜单中选择反向。再次右击，选择建立工作路径，在弹出的对话框中设置容差为 0.5，单击"确定"按钮。

第 8 步：选择"图层"→"矢量蒙版"→"当前路径"命令，生成矢量蒙版，如图 7-62 所示。

图 7-62　应用矢量蒙版

第 9 步：新建图层，填充为白色，设置不透明度为 60%。

第 10 步：单击工具栏以快速蒙版模式编辑按钮，选择画笔工具，在属性栏设置画笔的样式为喷溅 59 像素，在卡通人物上涂画，如图 7-63 所示。

图 7-63　使用快速蒙版

第 11 步：取消快速蒙版，生成选区，右击选区后，单击选择反向，按 Delete 键删除选区内容。

第 12 步：单击控制面板的添加图层样式，选择描边样式，设置结构和填充如图 7-64 所示，效果如图 7-65 所示。

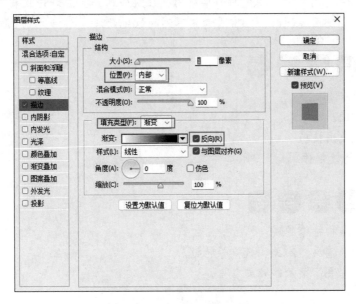

图 7-64　设置描边图层样式

图 7-65　描边效果前后对比

项目 8 设计图像特效

项 目 简 介

在本项目中，将主要介绍 Photoshop 强大的滤镜功能，通过滤镜分类、滤镜重复使用及其他滤镜的使用技巧制作出多变的图像效果，搭配上不同工具和命令的使用，制作出极具视觉冲击力、独特且更有创意的图像。我们将了解图层样式、3D 工具、干笔画、特殊模糊和喷溅、液化、油画、模糊、彩色半调、极坐标、锐化、防抖和高反差保留等滤镜及工具的使用。在特效制作中，滤镜的简单应用往往能得到一些很好的效果，而且可调整性很强，特别是组合使用滤镜时，经常有意想不到的惊艳效果。

知 识 培 养 目 标

- 了解滤镜菜单。
- 熟悉滤镜使用的效果。
- 掌握滤镜使用技巧。
- 掌握 3D 特效制作。

能 力 培 养 目 标

- 认识滤镜库和特殊滤镜。
- 熟练操作水墨画、油画、模糊等特效。
- 能够制作波浪、光晕等效果。

素 质 培 养 目 标

- 提升处理图像的效率。
- 激发对创意图像效果制作的兴趣。
- 提升创意设计的能力。
- 形成多阅读多思考的思维模式。

思 政 培 养 目 标

课程思政及培养目标如表 8-1 所示。

表 8-1 课程思政及培养目标关联表

知识点及教学内容	思政元素切入	育人目标及实现方法
3D 工具及标语设计	以广告标语设计等实际平面设计等岗位的工作内容为项目任务，让学生能够更快适应相关职业的工作	培养学生职业素质和职业能力
滤镜及其特效创意设计	在了解滤镜基本特征后，能够举一反三，创意设计出闪电等组合特效	激发学生对创意特效的兴趣，培养学生独特的审美以及独立思考的能力

8.1 导 入 任 务

8.1.1 展示任务效果

任务 1：制作火焰特效

在许多应用场景中需要将实物抽象化，做出特殊效果，产生强烈的视觉冲击。在本项目中，将演练以手部实物为图纸框架，制作出指尖火焰的 3D 超现实特效，并通过动作面板记录操作过程，效果如图 8-1 所示。

任务 2：制作 3D 特效标语

制作与背景同纹理的 3D 特效文字标语，营造光线从后往前投射的阴影效果，文字立体且具有金属的光泽与质感，并对背景上下部分进行虚化模糊处理，适当提高图像的对比度与饱和度，效果图 8-2 所示。

图 8-1 火焰特效   图 8-2 3D 特效标语效果

任务 3：制作人物油画图

对人物腿部做修饰拉长，应用油画滤镜实现图像效果转换，同时利用高反差保留滤镜达到图像细节保留的目的，效果如图 8-3 所示。

图 8-3　人物油画前后效果图

8.1.2　提出问题与思考

（1）如何修改图层样式及参数？

（2）Photoshop 的滤镜有哪些？

（3）模糊、干笔画、喷溅、液化、油画、高反差保留等常用滤镜都有什么样的效果？

（4）如何使用 3D 工具？

（5）如何通过动作控制面板记录图像操作？

8.2　知　识　点

8.2.1　图层样式

图层样式命令可用于添加不同的图层效果。在 Photoshop 中运用图层样式可以制作出浮雕、描边、投影等丰富的图像效果。

1. 打开图层样式

Photoshop 软件中提供 3 种打开图层样式的方法。

（1）双击图层面板中需要添加图层样式的图层名右侧空白处，即可打开图层样式窗口。这里需要注意的是，图层应处于非锁定状态。

（2）选定图层后，在控制面板下方单击添加图层样式按钮 **fx.**，在弹出的快捷菜单中，可选择具体样式。

（3）选择"图层 - 图层样式"选项，在右侧菜单中选择样式。

2. 认识图层样式

打开"素材库 \ 素材图片 \ 项目 8"文件夹中的"蚂蚁 .jpg"文件，单击添加图层样式按钮 **fx.**，可以看到 Photoshop 提供了以下 11 种图层样式。

1）混合选项

默认选择此选项。

2）斜面和浮雕

设置图层产生凸出及凹陷的斜面，还可以提供雕刻立体效果，效果图如图 8-4 所示。样式中包含"等高线"和"纹理"两种。"等高线"样式可用于设置图层添加各类等高线效果；"纹理"样式可为图层添加纹理效果。效果图如图 8-5 所示。

图 8-4 原图与斜面和浮雕效果图　　　　**图 8-5 递减等高线与纹理效果图**

3）描边

对图层边缘进行描边，可使用颜色、渐变或者纹理进行边缘填充，如图 8-6 所示。

4）内阴影

在图层内部添加阴影，增加了内凹的效果。

5）内发光

为图层内边缘添加发光效果，如图 8-7 所示。

图 8-6 原图与描边效果图　　　　　　**图 8-7 内阴影与内发光效果**

6）光泽

在图层内部添加金属光泽的质感。

7）颜色叠加

将指定颜色叠加到图层上，同时控制混合模式和不透明度，可以达到不同效果，如图 8-8 所示。

8）渐变叠加

将指定渐变色叠加到图层上。

9）图案叠加

为图层叠加指图案，通过控制图案的缩放大小，达到目标效果，如图 8-9 所示。

10）外发光

与内发光相反，是图层边缘向外的发光效果。

11）投影

在图层上添加投影的视觉效果，可增加图像的立体感，如图 8-10 所示。

图 8-8 光泽与颜色叠加效果图   图 8-9 渐变叠加与图案叠加效果图

图 8-10 外发光与投影效果图

8.2.2 3D 工具

当我们希望从平面图得到三维立体效果，可以直接利用 Photoshop 的 3D 工具的功能。软件中支持各种预设形状，如"球体""金字塔"等形状，也可以通过深度映射得到凸起或者凹陷的特效。

1. 网格预设

打开"素材库\素材图片\项目 8"文件夹中的"旋涡 .jpg"文件，利用 3D 工具中的"从图层新建网格"→"网格预设"命令可以转换到不同预设的形状，如图 8-11 所示。

此时，拖动鼠标，设置 3D 相机位置，可以从不同角度环视 3D 效果，如图 8-12 ~ 图 8-14 所示。

2. 深度映射

利用 3D 工具中的"从图层新建网格"→"深度映射"命令，包含平面、双面平面、圆柱体和球体效果。可以根据图片的色彩特点，变换出凸

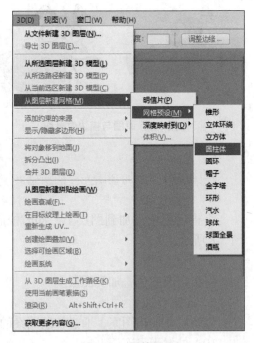

图 8-11 网格预设

起和凹陷，制作出山峰特效，如图 8-15 和图 8-16 所示。

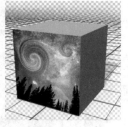

图 8-12　网格预设平面原图与立方体效果对比

图 8-13　立体环绕与网格预设圆环效果对比

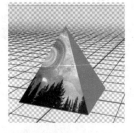

图 8-14　球体与金字塔效果对比

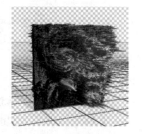

图 8-15　深度映射平面与双面平面效果对比

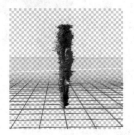

图 8-16　深度映射圆柱体与球体效果对比

8.2.3　喷溅和干笔画

在 Photoshop 中提供了多种多样的滤镜功能，帮助用户实现神奇的图像效果。但需要注意的是，滤镜是以像素为单位对图像进行处理的，像素不同的图片应用相同滤镜时，产生的图片效果是不一样的。

选择"滤镜"→"滤镜库"命令，可以打开滤镜库对话框，如图 8-17 所示，包含"风格化""画笔描边""扭曲""素描""纹理"和"艺术效果"6 个滤镜组。每个滤镜组下都有对应的多个滤镜效果，如图 8-18 所示。

"喷溅"滤镜是画笔描边滤镜组中常见的滤镜之一，能够使得图片产生类似于笔墨喷溅的自然效果。

"干画笔"滤镜是在艺术效果滤镜组中一种常用滤镜，可以用来产生不饱和、干燥的油画效果。

图 8-17　滤镜库

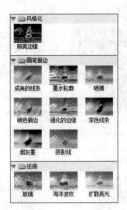

图 8-18　滤镜组

打开"素材库 \ 素材图片 \ 项目 8"文件夹中的"女生 .jpg"文件，应用"喷溅"滤镜和"干画笔"滤镜，如图 8-19 所示。

图 8-19　原图、喷溅滤镜和干画笔滤镜对比

8.2.4　液化

选择"滤镜"→"液化"命令，可以打开"液化"滤镜的对话框，如图 8-20 所示。液化滤镜可以实现对各种图像类似液化的图像变形效果。

在对话框左侧的工具箱中，包含有 7 种工具，分别是"向前变形工具""重建工具""褶皱工具""膨胀工具""左推工具""抓手工具"和"缩放工具"。对话框右侧为对应工具的属性设置面板。

在打开的图像中使用液化"向前变形工具"功能，可以对人物领子做花边处理，设置画笔大小为 40、画笔压力为 50，上下交替拖动鼠标。

同样的可以使用"褶皱工具"，缩小人物的唇部。设置画笔大小为 62，在人物唇部位置单击即可调整，如图 8-21 所示。若单次误操作，可使用快捷键 Ctrl ＋ Z 撤销上一步操作；若多次误操作，可使用"重建工具"恢复图像原状。

图 8-20 "液化"滤镜对话框

图 8-21 液化"向前变形工具"和"褶皱工具"使用效果

8.2.5 油画

"油画"滤镜可以使得图像变换为油画效果。选择"滤镜"→"油画"命令,在弹出的"油画"对话框中,通过左侧属性设置面板,借助几个简单的滑块调整描边样式的数量、描边清洁度、缩放、硬毛刷细节、光照角方向和闪亮情况,自由设定油画的视觉参数,如图 8-22 所示。

图 8-22 "油画"滤镜

8.2.6　光圈模糊和高斯模糊

选择"滤镜"→"模糊"命令,就可以找到 14 种模糊效果的滤镜组,如图 8-23 所示。

1)场景模糊

"场景模糊"滤镜用于通过在图像中创建多个不同模糊量的模糊点来产生渐变的模糊效果。

2)光圈模糊

"光圈模糊"滤镜用于在图像中添加一个或多个焦点,并设置焦点的大小、形状、焦点区域外的模糊数量和清晰度等,主要用于模拟浅景深的效果。

3)移轴模糊

"移轴模糊"滤镜用于定义锐化区域,然后在区域边缘处逐渐变得模糊,主要用于模拟相机拍摄的移轴效果,效果类似于微缩模型。

4)表面模糊

"表面模糊"滤镜在模糊图像时可保留图像边缘,用于制作特殊效果及去除图像中的杂点和颗粒。

图 8-23　"模糊"滤镜组

5)动感模糊

"动感模糊"滤镜用于通过对图像中某一方向上的像素进行线性位移来产生运动的模糊效果。

6)方框模糊

"方框模糊"滤镜用于以邻近像素的平均颜色值为基准值模糊图像。

7)高斯模糊

"高斯模糊"滤镜可根据高斯曲线对图像进行选择性的模糊,以产生强烈的模糊效果,是比较常用的模糊滤镜;在"高斯模糊"对话框中,"半径"数值框可以调节图像的模糊程度,数值越大,模糊效果越明显。

8)进一步模糊

"进一步模糊"滤镜用于使图像产生一定程度的模糊效果。

9)径向模糊

"径向模糊"滤镜用于使图像产生旋转或放射状的模糊效果。

10)镜头模糊

"镜头模糊"滤镜用于使图像模拟摄像时镜头抖动产生的模糊效果。

11)模糊

"模糊"滤镜通过对图像边缘过于清晰的颜色进行模糊处理来制作模糊效果。该滤镜无参数设置对话框,使用一次该滤镜命令,图像效果会不太明显,可多次使用该滤镜命令,增强模糊效果。

12)平均

"平均"滤镜通过对图像中的像素平均颜色进行柔化处理来产生模糊效果。

13）特殊模糊

"特殊模糊"滤镜通过找出图像的边缘及模糊边缘以内的区域来产生一种边界清晰、中心模糊的效果；在"特殊模糊"对话框的"模式"下拉列表框中选择"仅限边缘"选项，模糊后的图像将呈黑色显示。

14）形状模糊

"形状模糊"滤镜用于使图像按照某一指定的形状作为模糊中心来进行模糊；在"形状模糊"对话框下方选择一种形状后，在"半径"数值框中输入的数值决定形状的大小，数值越大，模糊效果越强。

典型的光圈模糊和高斯模糊效果，如图 8-24 所示。

图 8-24　光圈模糊和高斯模糊效果

8.2.7　彩色半调和马赛克

选择"滤镜"→"像素化"命令，就可以找到"彩块化""彩色半调""点状化""晶格化""马赛克""碎片"和"铜版雕刻"7 种像素化效果的滤镜组。"像素化"滤镜主要将图像中颜色相似的像素转化成单元格，使图像分块或平面化。通常用于增加图像质感，使图像的纹理更加明显。

1）彩块化

"彩块化"滤镜用于使图像中纯色或相似颜色凝结为彩色块，从而产生类似宝石刻画般的效果。

2）彩色半调

"彩色半调"滤镜用于模拟在图像的每个通道上应用半调网屏的效果。

3）点状化

"点状化"滤镜用于在图像中随机产生彩色斑点，点与点之间的空隙用背景色填充。

4）晶格化

"晶格化"滤镜用于使图像中颜色相近的像素集中到一个像素的多角形网格中，从而使图像清晰。

5）马赛克

"马赛克"滤镜用于把图像中具有相似颜色的像素统一合成更大的方块，从而产生类似马赛克的效果。

6）碎片

"碎片"滤镜用于将图像的像素复制 4 次，然后将它们平均移位并降低不透明度，从而形成一种不聚焦的"四重视"效果。

7）铜版雕刻

"铜版雕刻"滤镜用于在图像中随机分布各种不规则的线条和虫孔斑点，从而产生镂刻的版画效果。

典型的光彩色半调和马赛克效果，如图 8-25 所示。

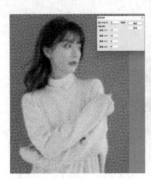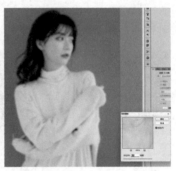

图 8-25　光彩色半调和马赛克效果

8.2.8　波浪和极坐标

选择"滤镜"→"扭曲"命令，就可以找到"波浪""波纹""极坐标"等 9 种扭曲效果的滤镜组，如图 8-26 所示。

1）波浪

"波浪"滤镜用于使图像产生波浪扭曲的效果。

2）波纹

"波纹"滤镜用于使图像产生类似水波纹的效果。

3）极坐标

"极坐标"滤镜可将图像的坐标从平面坐标转换为极坐标或从极坐标转换为平面坐标。

4）挤压

"挤压"滤镜用于使图像的中心产生凸起或凹下的效果。

5）切变

"切变"滤镜用于控制指定的点来弯曲图像。

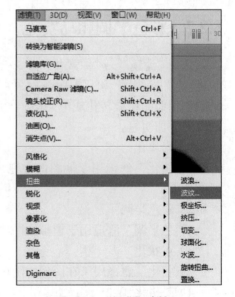

图 8-26　"扭曲"滤镜组

6）球面化

"球面化"滤镜用于使选区中心的图像产生凸出或凹陷的球体效果。

7）水波

"水波"滤镜用于使图像产生同心圆状的波纹效果。

8）旋转扭曲

"旋转扭曲"滤镜用于使图像产生旋转扭曲的效果。

9）置换

"置换"滤镜用于使图像产生弯曲、碎裂的效果。

打开"素材库 \ 素材图片 \ 项目 8"文件夹中的"彩色 .jpg"文件,应用"极坐标"和"波浪"滤镜,效果如图 8-27 和图 8-28 所示。

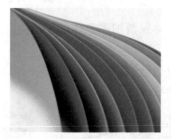

图 8-27　"原图"及"极坐标"滤镜效果

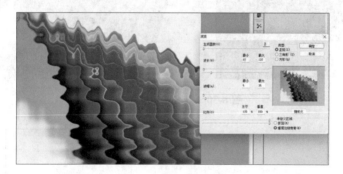

图 8-28　"波浪"滤镜

8.2.9　USM 锐化和防抖

为了使图像更加清晰,经常会使用锐化的滤镜来处理图像。选择"滤镜"→"锐化"命令,就可以找到 6 种锐化效果的滤镜组,如图 8-29 所示。

1）USM 锐化

"USM 锐化"滤镜用于在图像边缘的两侧分别添加一条明线或暗线来调整边缘细节的对比度,将图像边缘轮廓锐化。

2）防抖

"防抖"滤镜用于有效减少因抖动产生的模糊,可用于处理没有拿稳相机时拍摄而出现抖动模糊的图像。

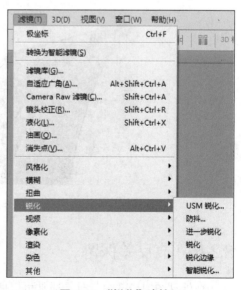

图 8-29　"锐化"滤镜组

3）进一步锐化

"进一步锐化"滤镜用于增加像素之间的对比度，使图像变得清晰，但锐化效果比较微弱。

4）锐化

"锐化"滤镜和"进一步锐化"滤镜相同，都是通过增加像素之间的对比度来增加图像的清晰度，其效果比"进一步锐化"滤镜的效果明显。

5）锐化边缘

"锐化边缘"滤镜用于锐化图像的边缘，并保留图像整体的平滑度。

6）智能锐化

"智能锐化"滤镜的功能十分强大，可以设置锐化算法、控制阴影和高光区域的锐化量。USM 锐化和防抖的效果如图 8-30 和图 8-31 所示。

图 8-30 "USM 锐化"滤镜

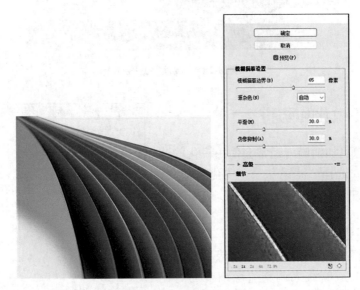

图 8-31 "防抖"滤镜

8.2.10 高反差保留

在处理图像局部细节时，通常可以使用"高反差保留"滤镜。高反差保留可以删除图像中亮度逐渐变化的部分,保留色彩变化最大的部分,使图像的阴影消失而亮点突出。选择"滤镜"→"其他"→"高反差保留"命令,弹出"高反差保留"对话框,对话框中的"半径"数值框用于设置处理的像素范围,该值越大,图中保留的原图像的像素越多,如图 8-32 所示。

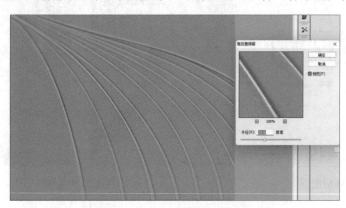

图 8-32　"高反差保留"滤镜

8.3　任务实施步骤

8.3.1　任务 1 实施

设 计 目 的

能够对图像应用"查找边缘"滤镜并做反相处理,掌握使用红色通道选定选区填充颜色达到提亮轮廓的效果,学会应用内发光、光泽、颜色叠加、外发光的效果,调整颜色饱和度、灵活设置图层混合效果的操作。

实 施 步 骤

第 1 步:选择"文件"→"打开"命令,打开"素材库\素材图片\项目 8"文件夹中的"01.png"文件,图层重命名为"手"。

第 2 步:新建图层命名为"背景",用黑色填充,移到图层"手"的下方。

第 3 步:右击图层"手",从快捷菜单中选择"复制图层"选项,生成拷贝图层,如图 8-33 所示。

第 4 步:选择"图像"→"调整"→"去色"命令,生成黑白图像,前后效果如图 8-34 所示。

第 5 步:选择"滤镜"→"风格化"→"查找边缘"命令,然后使用快捷键 Ctrl＋I 将图像反相,如图 8-35 所示。

第 6 步:打开通道面板,选定红色通道,单击通道面板下方的将通道作为选区载入图标 ◙,载入选区,再回到图层面板,新建一个图层,重命名为"边缘",将选区填充白色,按快捷键 Ctrl＋D 取消选区,如图 8-36 所示。

图 8-33　拷贝图层

图 8-34　去色

图 8-35　查找边缘　　　　　　　　　　　图 8-36　通道载入及填充

第 7 步：单击图层面板下方的添加图层样式图标，依次添加效果：内发光、光泽、颜色叠加、外发光，具体参数参考图 8-37~图 8-40 所示，添加效果如图 8-41 所示。

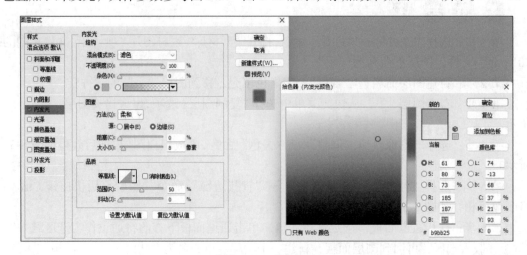

图 8-37　内发光

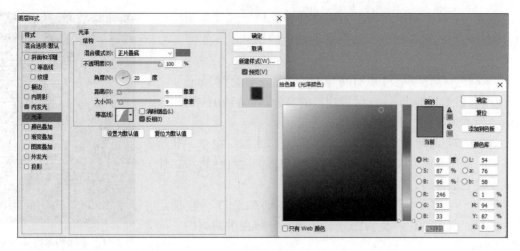

图 8-38　光泽

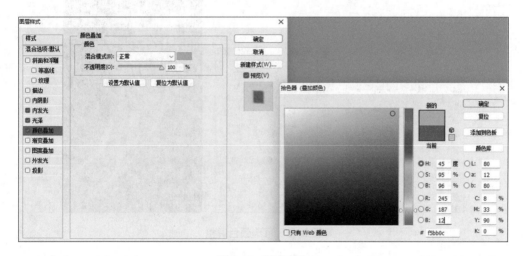

图 8-39　颜色叠加

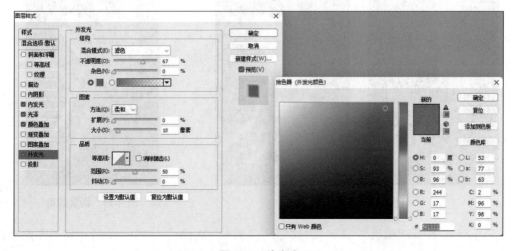

图 8-40　外发光

第 8 步：单击通道面板下方的创建新的填充或调整图层按钮，调整图层的可选颜色，适当降低黄色的饱和度，如图 8-42 所示。

第 9 步：打开"项目 8\ 任务素材 \ 任务 1 素材 \02.png"文件，使用套索工具抠出音符，保留烟雾的部分，移动到 01 素材中，重命名为"烟雾 1"，设置混合模式为滤色。

第 10 步：选择"滤镜"→"扭曲"→"水波"命令，让烟雾多样。使用 50% 不透明度和流量的橡皮擦擦除红色边缘，让烟雾变得更加自然，如图 8-43 所示。

第 11 步：多复制几个图层，通过快捷键 Ctrl＋T 分别选定各个图形，自由变化和旋转图像，让烟雾分布在手的周围，如图 8-44 所示。

图 8-41　添加图层样式效果

图 8-42　可选颜色调整

图 8-43　添加烟雾

图 8-44　烟雾效果

第 12 步：打开"项目 8\ 任务素材 \ 任务 1 素材 \03.png"文件，旋转并移动图像至食指之间位置，按 Enter 键确定后，设置混合模式为滤色即可。

8.3.2　任务 2 实施

设 计 目 的

能够根据预设特效，利用 3D 工具制作出不同形状、材质、投影效果，积累色彩透明度、柔和度等参数设置经验。认识并掌握 Camera Raw 滤镜的基本使用。

实 施 步 骤

第 1 步：打开"素材库 \ 素材图片 \ 项目 8\02.jpg 文件，选择"图像"→"图像大小"命令，将图像大小修改为长 1500 像素，宽 998 像素，按快捷键 Ctrl＋"＋"，放大到合适的窗口大小。

第 2 步：新建文字图层。单击文字工具，设置字体样式、大小，输入"snow"，如图 8-45 所示。

图 8-45　添加文字

第 3 步：选择 3D→"从所选图层新建 3D 模型"命令，单击文字后拖动鼠标旋转文字到合适的角度，在 3D 面板中选定图层 snow，将属性框中的形状预设为膨胀，设置凸出深度为 105，如图 8-46 所示。

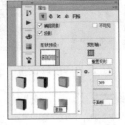

图 8-46　3D 模型

第 4 步：选定 snow 下方所有材质图层，设置闪亮、反射等参数，如图 8-47 和图 8-48
所示。

图 8-47　材质参数在设置

图 8-48　金属效果

第 5 步：选择"无限光 1"图层，调整投影到字的前方，在属性框中设置柔和度为
10%，如图 8-49 所示。

图 8-49　投影设置

第 6 步：选择"环境"图层，设置阴影的不透明度为 90%，IBL 选择为"替换纹理"，
打开 08.jpg 素材，旋转视角调整文字填充的效果，可通过选框工具切换查看效果图，如
图 8-50 所示。

图 8-50　纹理设置

第 7 步：切换到图层面板中，右击 snow 图层，在快捷菜单中选择"栅格化 3D"选项，完成 3D 设置。

第 8 步：复制背景图层，选择"滤镜"→"模糊"→"移轴模糊"命令，拖动虚实线可调整模糊范围，设置模糊像素为 8，调整完单击"确定"按钮，如图 8-51 所示。

第 9 步：将背景复制图层和 snow 文字图层合并图层，选择"滤镜"→"Camera Raw 滤镜"命令，调整参数达到最终效果，如图 8-52 所示。

图 8-51　背景模糊

图 8-52　滤镜调整

8.3.3　任务 3 实施

设 计 目 的

灵活使用"液化"滤镜调整人物形态。叠加使用多种滤镜实现照片转油画的惊艳视觉效果。

实施步骤

第1步：打开"素材库\素材图片\项目8\05.jpg 文件，按快捷键 Ctrl+J 复制图层，重命名为"瘦腿"。

第2步：选择"滤镜"→"液化"命令，在"液化"窗口中，使用向前变形工具，设置合适的画笔大小和压力，调整腿部轮廓，以达到修饰腿型的目的。可灵活搭配使用"褶皱工具""膨胀工具""重建工具"，调整完单击"确定"按钮，如图8-53所示。

图 8-53 液化修饰

第3步：使用裁剪工具，向下拖曳，裁出空白。

第4步：使用矩形选框工具，选定腿部区域，按快捷键 Ctrl+T，调出变换框，将选中的腿部向下拉到合适的长度，如图8-54所示。按 Enter 键确定后，按快捷键 Ctrl+D 取消选区即可。

图 8-54 腿部拉伸

第5步：复制"瘦腿"图层，重命名为"油画"，选择"滤镜库"→"艺术效果"→"海报边缘"命令，设置属性窗口中边缘厚度为0、边缘强度为0、海报化为2，单击"确定"按钮。

第6步：选择"滤镜"→"锐化"→"USM 锐化"命令，设置数量为90、半径为5、阈值为10，如图8-55所示。

第7步：选择"滤镜"→"油画"命令，设置参数，描边样式为4、描边清洁度为3、缩放为 0.1、硬毛刷细节为 0，单击"确定"按钮，如图 8-56 所示。

图 8-55　添加"海报边缘"滤镜以及"USM 锐化"效果　　　　图 8-56　图像应用油画滤镜

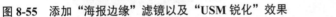

　　第 8 步：再复制一次"瘦腿"图层，移动到"油画"图层上方，选择"滤镜"→"其他"→"高反差保留"命令，设置半径为 2 像素。然后将图层的混合模式改成"叠加"，这样人物油画效果就做好了，如图 8-57 所示。

图 8-57　叠加高反差保留

8.4　项 目 实 训

8.4.1　问答题

（1）添加图层样式的方法有哪些？

（2）如何打开 3D 工具？

（3）扭曲图形可以使用哪种滤镜？

8.4.2 实训题：制作闪电特效图片

实训内容

在背景图中使用"分层云彩"滤镜，绘制闪电形态，通过设置色阶和色相，调整闪电的粗细颜色等。再经过组合变换，得到最终的闪电特效如图 8-58 所示。

图 8-58 闪电特效

实训步骤

第 1 步：打开"素材库 \ 素材图片 \ 项目 8\06.jpg 文件，新建一个图层，重命名为"闪电 1"，使用矩形选框工具纵向绘制一个细长矩形选框。

第 2 步：单击渐变工具，设置黑白颜色填充，选择"线性"渐变，从左向右拖动鼠标填充黑白渐变，效果如图 8-59 所示。

图 8-59 绘制黑白渐变选区

第 3 步：选择"滤镜"→"渲染"→"分层云彩"命令，再选择"图像"→"调整"→"反相"命令，如图 8-60 所示。

图 8-60 分层云彩滤镜

第4步：选择"图像"→"调整"→"色阶"命令，参数设置如图8-61所示。

第5步：在图层面板中将图层的混合模式设为"滤色"。

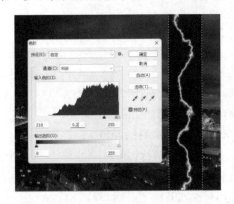

图 8-61　调整闪电形态

第6步：使用快捷键 Ctrl＋T，调出"自由变换"的对话框，调整闪电的大小和旋转角度。

第7步：选择"图像"→"调整"→"色相/饱和度"命令，勾选"着色"复选框，设置"饱和度"为25，如图8-62所示。

图 8-62　调整闪电颜色

第8步：重复第3～第7步，制作出其他的闪电效果。多余的闪电部分，可使用橡皮擦擦除。

第9步：在工具箱中选择减淡工具，设置工具大小为50，如图8-63所示，在各个闪电图层上涂抹，为闪电的周围增加变亮的效果，闪电特效图片即可制作完成。

图 8-63　减淡工具

参 考 文 献

[1] 周建国 . Photoshop CC 核心应用案例教程 [M]. 北京：人民邮电出版社 , 2019.

[2] 张敏 . Photoshop CC 核心功能与设计应用 50 课 [M]. 北京：人民邮电出版社 , 2022.

[3] 徐雅琴 , 杨云江 . Photoshop CS5 实用教程 [M]. 北京：清华大学出版社 , 2020.

[4] 刘信杰 . Photoshop 图像处理立体化教程 [M]. 北京：人民邮电出版社 , 2022.

[5] 王发智 . Photoshop 2022 图像处理入门到精通 [M]. 北京：清华大学出版社 , 2022.

[6] 李宏 . Photoshop CC 实例教程 [M]. 北京：清华大学出版社 , 2021.

[7] 王仕杰 , 杨云江 , 等 . 信息技术 [M]. 北京：清华大学出版社 , 2022.

[8] 杨云江 . 计算机网络基础 [M]. 4 版 . 北京：清华大学出版社 , 2023.

[9] 王英龙 , 曹茂永 . 课程思政我们这样设计（理工类）[M]. 北京：清华大学出版社 , 2020.

[10] 王焕良 , 马凤岗 . 课程思政设计与实践 [M]. 北京：清华大学出版社 , 2021.